KB089181

우리에게 과학이란 무엇인가

과학으로 세상 읽기 · 세상에서 과학 읽기

우리에게 과학이란 무엇인가

 APCTP 기획

사이언스
SCIENCE
BOOKS 북스

우리에게 과학이란 무엇인가

우리에게 과학이란 무엇인가? 첨단 과학 기술의 시대에 살아가는 우리가 숙명적으로 마주치는 화두이다.

이 책『우리에게 과학이란 무엇인가』는 아시아 태평양 이론물리 센터(APCTP)가 발행하는 웹진《크로스로드》의 에세이를 모아 펴낸 책이다. APCTP는 아시아 태평양 권역의 대표적인 국제 연구소로 1996년에 한국에 유치되었다. 매년 중국, 일본, 대만, 베트남 등 13개 회원국을 포함한 아시아 태평양 지역과 미국, 유럽 등 전 세계로부터 최고의 과학 브레인 2000여 명이 포항에 소재한 이곳 센터를 방문한다.

이 파이오니어 과학자들은 소수이나, 글로벌 이동성이 강한 '노마드' 그룹을 이룬다. 이들은 세계적으로 저명한 연구소로 모여든다. 그들은 센터에서 함께 지내며 꿈을 나누고 교유한다. 과학자들의 꿈은 자신 주위의 자연과 세상을 가장 근본적인 수준에서 탐구, 이해하는 것이다. 수학의 아름다움, 우주의 기원, 물질의 근본,

생명의 경이, 그리고 뇌의 신비 등 가장 근원적인 주제들을 다룬다. 센터의 벽을 장식하는 커다란 칠판 앞에서 첨단 물리의 도전적 주제에 대해 논쟁하며, 커먼 룸의 안락한 소파에서 젊은 이론 물리학자와 세계적 석학 들이 세계와 미래에 대한 대화를 나누기도 한다.

작년 저명 학술지《네이처》가 '첨단 물리학'의 요람으로 소개한 캐나다의 페리미터 연구소는 시립 아이스 하키장을 허물고 그 위에 지은 곳이다. 아이스하키가 국기인 나라에서 퍽(puck)을 연구소로 '패스'한 것은 미래를 내다본 과감한 결정이었다. 젊은 과학자들이 자유롭고 독립적으로 연구에 몰입할 수 있는 페리미터 연구소는 '꿈의 연구소'라 불린다. 20세기 이후 이러한 '꿈의 연구소' 설립 경쟁이 세계적으로 치열하게 전개되어 왔다. 미국 프린스턴 고등 연구소, 이탈리아 트리에스테의 국제 이론 물리학 연구소, 미국 샌타바버라의 키블리 이론 물리 연구소, 영국 케임브리지의 뉴턴 연구소, 독일 드레스덴의 막스 플랑크 복잡계 연구소로 대변되는 프리미어급 꿈의 연구소에 포항 공과 대학교 캠퍼스에 자리한 아시아 태평양 이론물리센터도 도전하고 있다.

웹진《크로스로드》는 온라인 공간에서 과학의 전통적인 경계를 넘어 과학자들이 대중과 사회와의 소통하고 꿈을 나누기 위하여 센터가 마련한 장이다. 과학자들과 인문학자들의 다양한 온라인 에세이를 모은 이 책에서 과학은 '꿈이자, 이야기이며, 소통'이다. 이번 에세이 모음집은 『과학이 나를 부른다』에 이어 두 번째 야심적인 출간이다.

독자들은 이 책에서 어린 시절 나를 매혹했던 과학, 상상력의 과학, 과학의 시대와 철학, 소통과 창의성, 과학, 문학, 예술의 만남 등 다양하고 흥미로운 이야기 보따리를 접할 수 있다. 앞으로도 아시아 태평양 이론물리센터는 독자 여러분과 과학에 대한 꿈과 이야기를 함께 지속적으로 담아 나가고자 한다.

김승환
아시아 태평양 이론물리센터 사무총장

서울 대학교 물리학과를 졸업하고 미국 펜실베이니아 대학교 물리학과에서 박사 학위를 받았다. 코넬 대학교 및 프린스턴 고등 연구소 연구원, 국제 물리 올림피아드 실무 간사 등을 역임하고 현재 포항 공과 대학교 물리학과 교수 및 시스템 생명 공학 대학원 겸직 교수로서 아시아 태평양 물리학 연합회 부회장, 국가 지정 비선형 및 컴플렉스 시스템 연구실장 등을 맡고 있다.

과학을 꿈꾸며 그 꿈을 나누다

과학은 일차적으로 자연 현상을 이해하는 것을 목적으로 한다. 그리고 과학하는 마음의 본질은 자연에 대한 순수한 호기심에 있다고 말할 수 있다. 이렇게 말하면 과학자들은 늘 호기심만을 충족시키기 위해 골몰하고, 과학을 한다는 것이 단지 여유롭게 취미를 향유하는 것으로 비춰질지 모르겠다. 하지만 과학의 역사를 돌이켜 보면 과학자들이 늘 새로운, 그것도 정확한 해답만을 찾아낼 수 있었던 것은 아니다.

과학의 진실은 대개 높이를 가늠할 수 없는 천장에 놓여 있어서, 한 과학자의 성과는 먼 장래에 천장에 도달하기 위한 하나의 디딤돌을 쌓는 역할에 그쳐야 했던 것이 다반사였다. 또한 더욱 중요한 것은 그 노력의 성패가 과학자 개인의 호기심을 충족시키고 희비를 결정하는 데서 끝나지 않고 주변의 인간 사회, 더 나아가 문명에 영향을 주었다는 것이다. 그 영향은 우호적일 수도 있고 적대적일 수도 있는데, 대량 살상 무기의 개발이나 산업화에 따른 지구 환경의 오염은 과학의 산물이 우리 인간을 포함한 지구 생명들의 온전한 삶을 치명적으로 위협할 수도 있음을 보여 주는 예가 된다. 따라서 과학은 인간 사회와 동떨어진 별개의 세계로 존재할 수 없고, 그렇기에 과학의 시도와 성과는 인간 사회의 견제를 받아야 하는 것이다.

오늘날 과학의 수준이 한 국가의 국력을 가늠하는 척도가 된다는 사실에는 큰 이견이 없을 듯하다. 그러다 보니 많은 국가들에서 미래의 성장 동력을 과학과 첨단 기술의 선점에 두는 과학 정책들을 앞다퉈 채택하고 있다. 국가 차원의 정책적인 지원을 받는 과학 분야는 엄청난 인적 물적 자원이 투여되고, 그렇기 때문에 단기간 내에 성과를 거둘 가능성을 높일 수 있다.

'과학=국가 발전'이라는 등식은 자주 감히 거부하기 힘든 권력이 되어 버렸다. 하지만 이 등식이 지나치게 무비판적으로 받아들여지는 경향은 위험해 보인다. 위에서 언급했듯이 과학이 적대적인 성과를 만들어 내는 전례들이 있었기 때문이다. 이 위험을 피하기 위해서는 과학의 세계가 투명하게 드러나고, 과학의 성과가 암시하는 결과를 두고 과학자가 아닌 사람들도 자유롭게 비판을 제기하는 분위기가 만들어져야 한다.

다른 전문 분야들과 마찬가지로, 비전문가가 자신의 영역을 벗어난 분야를 꿰뚫어 보고 제대로 비판하기는 어려운 일이다. 특히 과학의 경우는 전문가가 되기 위해 오랜 훈련이 필요하다는 점, 과학의 분야들이 급속히 세분화되고 있다는 배경에서 그 어려움이 더욱 크다고 할 수 있다. 따라서 과학 외부의 비판을 구하기 위해서 과학자는 과학의 실체를 비전문가가 이해할 수 있는 수준으로 잘 알리는 것이 필요하다. 쉬운 일은 아니겠지만, 과학자 자신들이 진솔한 마음으로 스스로를 비판할 수 있다면 이는 더욱 바람직한 방법이 될 것이다.

아시아 태평양 이론물리센터가 펴내는 웹진 《크로스로드》의 취지가 바로 여기에 있다. '과학과 미래 그리고 인류를 위한 비전'이라는 모토에서 짐작할 수 있듯이, 《크로스로드》는 인간 사회와 공존할 수 있는 과학을 지향한다. 그중 에세이 섹션은 과학자와 비과학자가 만나는 공론의 장이다. 비록 직접 얼굴을 맞대고 하는 토론은 아니지만, 지상을 통해 과학 안팎의 다양한 시각들이 교차된다.

과학자 그룹에는 물리학, 천문학, 수학, 생물학, 의학, 과학사 및 과학 철학, 그리고 과학 평론 등 과학 제 분야의 필자들이 망라되어 있으며, 비과학자 그룹 또한 문학, 역사, 철학, 언론, 예술 등 실로 다양한 분야의 필자들이 포진하고 있다. 그들에게 던져진 글의 화두는 '우리에게 과학이란 무엇인가?'라는, 매우 포괄적 주제였다. 《크로스로드》 창간 이후로 누적되어 온 글들에서 비춰지는 과학의 의미는 다양한 이력의 필자들만큼이나 다양했다.

에세이집 『우리에게 과학이란 무엇인가』는 앞서 발간된 에세이집 『과학이 나를 부른다』 이후 웹진 《크로스로드》에 실린 에세이 중에서 책 제목과 어울리는 주제를 다룬 글 20여 편을 골라 묶은 것이다. 『과학이 나를 부른다』에서는 필자들의 영역에 따라 글들을 나누어서 엮었으나, 이번에는 필자들의 고유 영역을 넘어서는 혼용이 일어나고 있다는 기대와 함께, 대략적인 소주제별로 나누는 것을 시도해 보았다.

고유 영역을 벗어나는 다른 영역의 문제에 대해서 의견을 펴는 것은 주제에 대한 경험 정도나 표현의 방법에서 다른 배경을 가졌을 필자들로서는 조심스럽고 꺼림칙한 작업이었을 법하다. 그럼에도 불구하고 대부분의 글에서 볼 수 있는 것은, 과학에 품었던 꿈을 공감하고, 자신의 주변에서 조우했던 과학의 경험을 들려주며, 우리가 사는 세상에서 과학이 갖는 의미에 대해 소통하는 데에 고유 영역은 넘지 못할 장벽이 될 수 없다는 사실이리라. 연구 논문의 엄밀한 형식을 벗어나서 자유롭게 써내려 간 글들은 누구라도 경험했음직한 단상들을 담고 있다. 독자는 필자들의 다양한 꿈들을 내 것인 양 나눌 수 있을 것이다.

나 자신 《크로스로드》의 한 독자로서 과학자와 비과학자의 시각이 교차되는 에세이 섹션을 가장 흥미롭게 읽고 있다. 하물며 《크로스로드》 편집자라는 분에 넘치는 직분을 맡으면서 그 교차로를 가까이서 지키는 행운도 누리고 있다. 다만 과학자 필자들이 좀 더 적극적으로 참여하고 공론의 불씨가 좀 더 지펴졌으면 하는 아쉬움이 남는다. 아니, 그 아쉬움을 채우는 것이 《크로스로드》 편집진의 지속적인 목표가 될 것이다.

국형태

아시아 태평양 이론물리센터 과학 문화 위원장

서울 대학교 물리학과를 졸업하고 미국 텍사스 주립 대학교에서 박사 학위를 받았다. 미국 스티븐스 공대와 서울 대학교 이론 물리학 연구 센터의 연구원을 거쳐 경원 대학교 물리학과 교수로 재직하면서 자연 과학대 학장을 역임했다. 현재 한국물리학회의 통계 물리 분과 위원장, 아시아 태평양 이론물리센터의 학술 위원 등을 맡고 있으며, 고등 과학원에서 연구년을 보내고 있다.

차 례

과학은 꿈이다 1

과학은 이야기다
2

과학은 소통이다
3

1

과학은 꿈이다

과학자는 어떻게 태어나는가?

언제부터인가 자서전을 '열독'해 왔다. 한 사람의 내밀한 삶과 사상을 그가 직접 쓴 책을 통해 알고 싶다는 열망에 휩싸였다. 곰곰이 생각하면, 그것은 열등감의 드러남이었을 성싶다. 그렇게 살고 싶었으나 결국 그렇게 살아 내지 못한 나 자신의 초라함을 보상하고 싶은 심정이 걸신들린 듯 자서전을 읽게 했으리라는 말이다. 그렇지만 나를 낮추어 보지는 않는다. 이 열망은 어쩌면 아직도 그렇게 살고 싶은 숨은 열정의 드러남일 수도 있으니 말이다.

물론 자서전은 산 대로 쓰인 것이 아니라 살고 싶었던 대로, 또는 남들이 기대한 바대로 쓰는 왜곡과 과장이라는 함정이 숨어 있다. 그러나 너무 주의하지는 말자. 어차피 공부하다 보면 다 드러나는 일. 그가 파 놓은 함정에 빠져 보는 것도 즐거운 일이다. 단, 너무 미루어 놓지 말고 의심가거나 흥미로운 대목은 평전과 비교해 보면 된다. 자서전은 살아 있을 적에 쓰지만, 평전은 주인공이 역사의 무대에서 사라진 다음에 쓰게 마련이다. 왜곡과 과장으로 감춘 수치는 곧 드러나게 되어 있다.

나하고 과학은 너무 먼 사이다. 우리 교육 현실에서 고등학생 때 문과를 택했다면 수학이 싫어서일 것이다. 자식이 아비를 닮아가는 모습을 확인하는 것은 즐거움이기도 하지만, 가끔은 악몽이라 여겨질 적도 있다. 다른 과목에서는 만족할 만한 성적을 거두는 딸이 수학에는 도통 취미를 붙이지 못하는 것을 보면, 피는 속이지 못한다는 사실을 인정할 수밖에 없다. 나는 국문과를 지망했으니 영어마저도 싫어한 축에 든다. 짓궂은 친구는, 대한민국에서 일찌감치 영어와 수학을 포기하고도 잘난 척 하고 사는 놈은 나밖에 없다고 핀잔한다. 맞는 말이기는 하나 별로 반응을 보이지 않는 것은 나라는 사람이 본디 제 멋에, 잘난 맛에 사는 전형적인 인물이어서다.

수학과 과학을 멀리한 내가 과학자 자서전도 열심히 읽고 있다는 것은 무엇을 뜻하는 것일까. 앞서 말한 열등감의 표시일 터다. 공부하다 보면 수학과 과학을 모르고서는 넘을 수 없는 정신의 고지가 있다. 기껏 팔부능선까지 올라왔는데, 수학을 몰라 더는 앎의 영역이 확장되지 않을 때 느끼는 곤혹스러움이란! 물론, 그럴 때는 글쓴이에게 욕을 바가지로 퍼붓지만, 그게 어찌 그의 잘못이런가. 수학이야말로 어렵게 발견해 낸 우주와 생명의 법칙을 가장 단순하면서도 아름답게 표현하는 방식이거늘. 그러니 과학자들에게 존경심을 품을 수밖에. 나이 들어간다는 것의 좋은 점은 남의 장점을

마구 칭찬하게 된다는 데 있다. 어릴 적에는 왜 그리도 칭찬에 인색
했는지. 남을 칭찬하면 내가 낮아지는 것도 아닌데 말이다.

　과학자들의 자서전을 읽으며 다른 무엇보다 내가 그토록 싫어한
과학에 그들이 흥미를 느낀 계기와, 난제들을 풀어낼 수 있었던 천
재성에 관심을 기울였다. 어차피 그들이 발견한 과학적 사실을 제
대로 이해할 수 없는 마당에 나 같은 얼치기 인문학도가 가장 잘 읽
어 낼 수 있는 부분이기도 했다. 서둘러 결론부터 짓자면, 참 대단
한 사람들이라는 생각이 들었다. 나는 죽었다 다시 깨어나도 그런
사람은 될 수 없을 성싶다. 그들의 자서전을 읽으며 우둔한 머리로
도 한 세상 살아 온 내가 대견스럽기까지 했다. 과장이 아니라, 정
말이다.

　입때껏 읽어 온 과학자 자서전 가운데 나를 강하게 사로잡았던
것으로는 세 권을 꼽을 수 있다. 프리모 레비의『주기율표』, 랠프 레
이턴이 엮은『파인만 씨, 농담도 잘하시네!』, 에드워드 윌슨의『자
연주의자』가 바로 그것이다. 이 책들을 좋아하는 이유는 당연히 다
르다.

　레비의 책은 역사와 현실에 대한 치열한 고민을 담고 있어 매료
당했다. 살아남은 자의 슬픔이 얼마나 큰지, 그는 자살로 그것을 보
여 주지 않았던가. 레비는 한 개인이 버티기에 너무 가혹한 역사의
소용돌이에 휘말려 과학자로서 성공적인 삶을 살지 못했을지는 모
르지만, 작가로서 시대의 증언자로서는 그 누구보다 큰 역할을 해
냈다.

파인만은 노벨상을 받은 물리학자라는 업적에 걸맞지 않게(?) 명랑, 통쾌, 유쾌한 과학자의 삶을 보여 주었다. 우리 문화 풍토에서 쉽지 않은, 날렵하고 경쾌한 걸음을 걷는 젊은 과학자들은, 확언하건대 이 책을 읽고 받은 영향 때문일 터다. 나는 이 책과 함께 그의 마지막 삶의 여정을 담은 『투바』도 사랑한다.

윌슨의 책들이 우리 지식 사회에 미친 영향을 참작하면 그의 자서전은 뜻밖에 널리 알려지지 않았다. 여전히 그 파괴력이 줄지 않은 사회 생물학을 창시한 학자에게 걸맞는 대우가 아니다. 기실 사회 생물학에 비판적인 나는, 그의 과학관이 어떤 삶을 바탕으로 세워졌는지 궁금해 읽었는데, 여전히 문제적인 부분에 대해 한 치의 양보도 없이 기존의 입장을 되풀이 하고 있음에도 과학과 생명에 대한 그의 열정은 높이 치고 있다.

책을 많이 읽다 보면 저절로 얻어지는 것이 있다. 쓴 사람이야 자기 생각을 늘어놓는 것이라 전혀 목적하지 않은 바이리라. 그런데 읽는 사람이 이것저것 닥치는 대로 보다 보면 놀랍게도 공통된 요소가 나타나고, 이것이 계기가 되어 새로운 깨달음을 얻게 된다. 세권의 자서전을 읽으면서도 그랬다. 처음에는 개별 저자의 삶에서 흥미로운 일화라 생각했는데, 나중에 보니 그것이 무엇인가를 시사하는 공통된 주제라는 느낌이 들었다. 이들의 책을 읽으며 내가 깨달은 주제는, 이름 하여 '과학자는 어떻게 태어나는가?'라 할 만했다.

레비는 화학자였다. 내가 그의 자서전을 읽으며 전율할 듯한 감동을 받은 것은 다음 구절 때문이다.

당시 우리는 우리가 화학자가 되리라는 사실을 의심하지 않았다.……
(중략)…… 내게 화학은 미래의 모든 가능성을 담은, 무한한 형태의 구름
이었다. 이 구름은 내 미래를 번쩍이는 불꽃에 찢기는 검은 소용돌이로
에워쌌는데, 마치 시나이 산을 어둡게 둘러싼 구름과 비슷했다. 모세처
럼 나도 그 구름 속에서 내 율법이, 내 내부와 내 주변, 세계의 질서가 나
타나 주길 기다렸다. 나는 책을 읽는 데 질리기 시작했다. 비록 무분별할
정도로 탐독을 계속하기는 했지만 말이다. 그래서 나는 최고의 진리에
도달하는 새로운 열쇠를 찾으려고 애썼다. 열쇠는 분명히 존재한다고 생
각했고, 나 자신과 세계에 대한 어떤 거대한 음모 때문에 학교에서는 그
것을 얻을 수 없을 거라고 확신했다. ─『주기율표』

아, 나는 이 구절을 어느 시보다 더 아름답게 읽어내려 갔다. 정
말이지 한 명의 과학자가 어떻게 탄생하는지 이토록 훌륭하게 써
놓은 글을 찾아보기란 쉽지 않다. 아니, 정말 이런 글을 과학자가
쓸 수 있는지부터 의심스러웠다. 내가 그를 작가라 부르는 것이 더
어울린다고 보는 이유가 여기에 있다.

그것이 화학이면 어떻고 물리면 어떻고 생물이면 어떠한가. 중요
한 것은 진리의 문을 여는 자물쇠를 찾고자 하는 열망이다. 이 열
망만 있다면, 그것이 무엇이든 마침내 이겨 낼 수 있다. 공부하는
가운데 겪을 경제적 궁핍도, 학문적 성숙 과정에서 나타나는 지체

현상도, 옳은 것을 그르다 보는 대중적 편견도 다 적수가 되지 못한다. 그러니 과학하려는 자 있다면 이 정신을 물려받아야 할진저! 이것이 어찌 과학자 되려는 이에게만 해당하겠는가. 누군가 시인이 되려 했다면, 철학자가 되려 했다면 같은 심정이었을 터. 세월의 더께가 두터워지며 잊어버렸다면 되찾아야 할 참된 것이 바로 이것일 터.

파인만은 광대의 얼굴을 한 천재 과학자다. 자서전은 그런 면모를 유쾌하게 보여 준다. 재주 있는 연출자라면 꽤 지적인 시트콤을 제작할 수 있을 것이다. 그렇다고 그의 과학관을 무조건 수용해서는 안 된다. 자서전 『프리먼 다이슨, 20세기를 말하다』에서 파인만과의 감동적인 인연을 기록한 프리먼 다이슨이 "그의 과학의 본질은 보수적이었다."라고 했는데, 본의와 관계없이 해석해서 그의 과학관이 무척 보수적이었다는 말로 새겨들어도 된다. 특히 맨해튼 프로젝트에 참여한 과학자로서 과학과 사회의 관계에 대한 그의 단상과 강의록을 볼라치면 무척 무책임하고 안이한 생각을 하고 있다는 것을 확인할 수 있다. 그럼에도 그에게서 과학자의 탄생을 엿보는 즐거움은 전혀 줄어들지 않는다는 것도 인정해야 한다.

자서전을 읽다 보면 개체 발생은 계통 발생을 반복한다는 속설을 확인하게 된다. 과학을 좋아하는 이들의 공통점은 교과서의 공식을 외우는 데 그치지 않고 반드시 실험으로 확인해 보려는 열정이 있다는 점이다. 파인만은 어릴 적부터 실험을 했다. 본디 우쭐되는 성격인지라 동네 꼬마들을 모아 놓고 마술쇼도 했다. 화학의 원리를 원용했다. 친구도 한수 거들어 아이들의 입을 쩍 벌어지게 했다. 대단원의 막은 꼭 극적으로 내렸다. 두 손을 몰래 물에 담갔다가 벤젠에 담갔단다. 그 다음 버너에 한손을 대면, 손에 불이 붙는다. 비명을 지르며 눈이 휘둥그래질 아이들의 모습이 상상이 가고도 남는다. 다른 손으로 불붙은 손을 치면, 양손에서 불이 치솟게 된다. 그 다음은 어떻게 할까? 이 악동 사이비 과학자들은 양손을 휘저으며 "불이야! 불이야!"라고 소리쳤단다. 동네 꼬마들은 혼이 빠져 도망갔다. 별것 아니었다. 벤젠은 빨리 타고, 물 때문에 열은 식어서 손은 다칠 리 없다는 원리를 활용했던 것이다.

파인만이 성인이 되어 이때 일을 떠벌린 것이 화근이었다. 친구들이 믿지 않아 시험을 보여 주기로 했다. 물론 이번이 처음은 아니다. 물구나무서서 오줌 누기도 해 보았고, 콜라와 아스피린을 함께 먹으면 어떤 일이 벌어지는지 직접 '생체 실험'도 해 보았다. 의문이 들면, 망설일 필요가 없었다. 해 보면 되는 것이니까. 그래서 큰소리쳤다. 벤젠 가져오라고. 그런데 웬일인가? 이번에는 화상을 입고 말았다. 원리가 바뀔 리도 없는데 어째 이런 일이? 어릴 적과 달리 손등에 털이 나서 심지처럼 불이 타는 동안 벤젠을 머금고 있었던 것이다.

주어진 것을 단순히 외우고 문제를 풀이하는 방식으로는 창의적인 과학자가 태어나지 않는다. 원리를 확인하는 실험 정신이야말로 과학자가 되는 첫걸음이다. 과학자는 교실에서 태어나는 것이 아니라 실험실에서 태어난다. 학교에서 번듯한 실험도 못해 보고

자란 우리 세대에게 집에 실험실이 있었다는 파인만은 부러움의 대상이다. 학교에 과학 실험실 시설을 확충한 것을 본 적이 있는데, 우리 교육이 그동안 바뀌었는지 모르겠다. 그러나 믿노니, 실험하는 어린 과학도가 없다면 미래의 뛰어난 과학자 또한 기대할 수 없으리라.

윌슨은 일종의 인간 승리의 반열에 오른 과학자다. 부모가 이혼해 아버지 밑에서 자라났는데, 직업상 여러 곳을 전전했다. 그 와중에 낚시를 하다 한쪽 눈을 실명하게 되었다. 그는 자신의 삶이 결국 자연 관찰자로 성장하게끔 운명지어졌다는 식으로 말하지만, 어찌 말 그대로 믿을 수 있겠는가. 위기를 기회로 바꾸어 가는 데 들였을 그의 노고를 잊어서는 안 된다. 그의 어린 시절도 많은 것을 곱씹어 보게 하는데, 스스로 일러 "한 사람의 자연 연구가가 어떻게 태어나는지를 생생하게 말해 준다."라고 평하고 있다.

떠돌이 생활을 했기 때문에 나는 자연을 나의 친구로 선택하게 되었다. 야외의 자연만이 내가 일관성 있게 인지할 수 있는 나의 세계의 일부가 되었기 때문이다. 나는 동물과 식물들에 의지했다. 인간 관계는 어려웠다. 이사를 할 때마다 나는 대부분 소년들인 새로운 친구들과 어울려야 했다. ……(중략)…… 아름다운 환경 속에서 고독하게 자라는 것이 과학자, 적어도 야외 생물학자가 되게 하는 데 위험하기는 하나 좋은 방법이다. —『자연주의자』

과학자가 되려면 과학고를 가야하고, 과학고를 가려면 예비 중학교 1학년부터 학원을 다녀야 하는 게 우리 현실이다. 그런데, 정작 과학고를 나와서는 기초 과학 분야로 진학하기보다는 의과 대학에 가려 한다. 이런 현실에서 우리는 생명과 환경의 가치를 힘주어 말하는 위대한 생물학자를 만날 수 있을까? 도대체 우리는 무엇에 미쳐 과학자가 탄생하는 기본을 잃고 나서도 뻔뻔스럽게 과학입국을 떠벌이는 것일까. 윌슨은 같은 말을 아래처럼 다르게 말한다.

한 사람의 자연 연구가를 만들어 내는 데는 어떤 결정적인 시기에 일정한 체계적 지식보다는 직접 경험을 갖는 일이 중요하다. 어떤 학명이나 해부학적 지식을 아는 것보다 그런 대로 누구한테도 가르침을 받은 적이 없는 야만인이 되는 것이 좋다. 오랫동안 그저 찾아다니고 꿈을 꾸는 시간을 갖는 것은 더더욱 좋다. ―『자연주의자』

무릇 모든 어린 영혼을 과학자로 만드는 최고의 힘이 무엇인지 윗 글은 말해 준다. 우리 아이들을 야만인으로 키우자. 우주와 자연과 생명의 신비에 지적 흥미를 느끼고 이를 해결하기 위해 실험하고 관찰하고 수학을 배우고 책을 읽게 하자. 억지로 외워야 하는 공부가 아니라 즐겁고 기쁘고 행복해서 해야 하는 것으로 만들어 주자. 그리하면 아! 우리에게도 천재적인 과학자가 나타날 터이니, 이 복을 왜 굳이 걷어차 버리고 있는 것일까?

누가 위대한 과학자로 자라는 것일까? 자서전을 읽으며 내가 깨달은 바를 정리하면 이렇다. 근원적인 것에 대한 동경심, 진리에 대한 끝없는 탐구열, 그 모든 것을 확인해 보려는 왕성한 지적 호기심, 스스로 문제를 해결하려는 탐구 정신, 권위에 쉽게 복종하지 않는 독립 정신, 무겁고 견고한 것을 비웃을 줄 아는 광대 정신. 과학자들의 자서전을 읽으며 흥분하고 즐거웠던 마음이건만, 우리 교육 현실을 되돌아보면 암담한 심정이 되고 만다. 이 먹구름은 도대체 언제나 걷히려나.

이권우
도서 평론가, 안양 대학교 강의 교수

경희 대학교 국문학과를 졸업하고 《출판저널》 편집장을 거쳐 도서 평론가로 활동 중이다. 『책읽기의 달인, 호모 부커스』, 『책과 더불어 살아가다』, 『각주와 이크의 책읽기』, 『어느 게으름뱅이의 책읽기』, 『죽도록 책만 읽는』 등을 썼다.

우리에게 과학이란 무엇인가

거문도좀혹달팽이, 노브에아를 찾아서

퀴리가 두 번째 노벨상을 받는 자리에서 "과학자는 호기심에 찬 어린이의 눈과 정복자의 모험심이 있어야 한다."라는 요지의 말을 했다. 그렇다. 뉴턴이 떨어진 사과를 아무 생각 없이 주워 먹기만 했다면, 또 알을 품어 보는 어린이의 순진함이 에디슨에게 없었다면 그렇게 큰 과업들을 남기지 못했을 것이다. 그러면 과학이란 무엇이며 어떻게 하면 과학을 하는 것일까. '생활의 과학화, 과학의 생활화'라는 말은 아주 적절한 '과학적 표현'이다. 우리가 살아가면서 삶 자체가 과학적이라야 하겠고 과학적으로 생각하면서 살아가는 것이 버릇이 돼야 한다는 것. 과학을 그렇게 어려운 것으로 생각할 필요가 없다.

순수한 과학의 의미는 자연에 몰래 숨어 있는 비밀을 찾아내는 일을 말한다. 그 수수께끼를 풀려면 무엇보다 자연(自然)에 대해 남

다른 흥미를 갖고, 호기심 어린 눈으로 그것을 들여다봐야 한다. '왜 사과는 떨어지는가?'라는 의문을 갖지 않았다면 지구가 당기는 힘을 가졌음을 발견할 수 없었을 것이다. 그러나 과학의 많은 업적은 '우연'이란 말이 있다. 뉴턴도 떨어지는 사과를 주워서 바지에 쓱쓱 문질러서 많이 먹었다. 그러다가 어느 날 우연히 "아니, 저게 왜 떨어지지?"라는 강한 의문을 가지게 되었다는 것이다.

호기심이란 주변에 일어나는 작은 일도 그러려니, 그렇겠지 하고 지나치지 않고 왜(why?)라는 의문을 갖는 것을 말한다. 만일 어린아이처럼 모든 것을 신기롭고, 새롭고, 흥미롭게 보고 느낀다면 스스로 의문을 가지고 알려고 애쓰고, 묻고, 자료나 문헌을 찾게 될 것이다. 덧붙인다면, 의문과 호기심은 어린아이의 마음인 동심 없이는 우러나기 어렵다. 어린이가 하는 말은 그 모두가 시라 했으니 그것이 바로 시심(詩心)이 아니겠는가. 호기심이 과학하는 마음인 과학심인 것이니 시와 과학이 한마음으로 통하는구려!

또 과학은 곧 "백 번 들어도 한 번 보는 것만 못하다.(百聞而不如一見)"라는 의미를 갖는다. 관찰해야 한다. 어쨌거나 모 대학교 신입생들을 대상으로 한 조사에서, 새를 그리라는 문제에 다리를 4개 그린 학생이 10퍼센트가 넘었다고 한다. 파리를 그리라고 했다면 아마도 거의 전부가 잠자리로 그려 놨을 것이라는 것을 불을 보듯 하다. (파리나 모기는 뒷날개가 퇴화해, 날개가 두 장인 쌍시류(雙翅類) 곤충이다.) 이렇게 독서는 물론이고 관찰의 기회조차 빼앗긴 탓에 머리에 먹물 대신 맹물이 차고, 맑고 밝아야 할 눈이 흐리멍덩한 백내장에 걸린 꼴이 되고 말았다.

불광불급(不狂不及)이라고, 미쳐야 뭔가를 이룰 수 있다. 미친놈이 많은 세상은 살맛이 나는 세상이고 미친 사람이란 멋있는 사람을 의미한다. 평범한 생각, 보통 생활은 결국 멋없는 평범함 밖에 남기는 것이 없다. 그렇듯 보통 스승에서는 평범한 제자만 생산될 뿐. 그러므로 선생부터 미쳐야 한다. 하나에 미쳐서 지내는 스승에서 미침을 제자들은 배운다. 그 미침은 예술, 문학, 철학, 과학 어느 것의 미침이라도 좋다. 뭔가에 미친 사람은 모두가 칼 같은 결단력이 있고 소처럼 미련하게 도전하며 얼음 같은 냉철함이 있고 무구한 순진함이 있으며 하나면 하나지 둘이 아닌 단순함, 한다면 하고야 마는 과단성이 모두 있다. 이것이 바로 과학자의 특성인 것이다.

그러나 과학 만능 사상에는 큰 문제들이 도사리고 있다. 과학은 결국 자연을 대상으로 하는 물질 과학인 것이니 말이다. 과학, 과학 하면서 가르치고 키운 저 많은 머저리 젊은이들은 물질 만능 사상에 젖었고, 그것은 결국 정신의 고갈을 초래하지 않았는가. 물질 만능은 곧 황금 만능으로 통하고, 결국 돈이면 모두라는 생각은 그놈의 과학이 배설한 노폐물이다. 그래서 과학이라는 이 가당찮은 괴물이 언젠가는 지구까지 크게 해코지하지 싶어서 마냥 '과학의 공해'를 우려한다.

과학 타령은 이 정도로 하고, 이제 남해안에 있는 거문도로 떠나간다. 어언 40여 년 전이라 지금에 비하면 교통, 숙박 시설 등이 너무나 열악했다는 것은 말할 필요가 없다. 서울에서 밤새도록 달려

간 야간 열차가 여수역에 나를 토해 놓았을 때는 이미 기진맥진 상태였지만 거문도행 배를 타야 했기에 아침을 먹을 겨를이 없다. 오랫동안 채집을 다니면서 이미 배곯는 것에는 이골이 나 있었다. 흔들리는 배 위에서도 1943년 일본인 미야나가가 채집해 발표한 거문도 특산종(세계에서 거문도에서만 사는 종)인 거문도좀혹달팽이(*Nobuea elegantistriata*,작은 혹이 붙은 것이 특징이다.) 관련 문헌을 뒤적인다.

학명의 노브에아(*Nobuea*)에 얽힌 애절한 사연을 생각하면 사사롭게 처와 세 아이가 그리워진다. 방학만 되면 채집하러 멀리 훌쩍 떠나 버리는 남편과 아버지가 야속하기도 했을 터. 요새 같았으면 승용차로 같이 채집을 다녀도 괜찮았을 것을 ……. 노브에아라는 속명은 이 특산종(신종) 달팽이를 채집한 미야나가가 일찍이 사별한 자기 부인의 이름을 따서 붙인 것이라고 한다. (학명은 신속이나 신종을 발표하면서 부모, 부인, 은사, 채집한 사람, 채집 장소, 제자 등을 기리면서 이름을 붙인다.)

거문도는 면적 12제곱킬로미터인 아주 작은, 여수와 제주도 중간 지점에 자리한 다도해의 최남단 섬이다. 서도(西島), 동도(東島), 고도(古島)의 세 섬으로 이루어져 있으며, 섬에 학문이 뛰어난 문장가들이 많아 '거문도(巨文島)'가 되었다는 일화가 전해오는 곳이다. 세 개의 섬이 병풍처럼 둘러쳐서 태풍을 피하기에 안성맞춤이라 천혜의 항구 구실을 한다.

아니나 다를까, 1885년(고종 22)에 2년간 영국의 동양 함대가 거문도를 점령하는 사건이 있었다. 이것이 영국이 러시아의 남하를 막는다는 구실로 이 섬을 불법 점령한 소위 '거문도 사건'이며, 이때는 거문도를 해밀턴 항구(Port Hamilton)라고도 불렀다. 섬 안에는 영국군이 거문도를 점령했을 때 사망한 영국 수군 묘지 3기가 남아 있다. 물론 지금의 거문도는 '물 고운 곳'이란 이름의 여수시에 편입되었다.

나는 30년 넘게 외도하지 않고 외곬으로 달팽이 꽁무니를 쫓아다녔다. 달팽이(snail)라 하면 땅에 사는 패류(貝類)를 통칭하는 말이며, 지역에 따라서는 강에 나는 다슬기를 달팽이라 부르기도 한다. 처음에는 전국의 산이나 밭에 사는 육산패(陸産貝)를 채집해 박사학위를 받았고 나중에는 강이나 호수에 사는 담수패(淡水貝)로 연구 영역을 넓혀 나갔으며 종국에는 바다에 서식하는 해산패(海産貝)까지도 채집하고 분류, 동정(同定)했다. 연체 동물, 즉 패류학(貝類學)을 전공한 것이다. 하여 수많은 논문과 자랑할 만한 책,『대한민국 동식물도감, 제32권(연체동물 편)』도 냈다.

그렇게 전국의 산하와 섬들을 채집차 다니다 보니, 죽음의 위험도 따라다니지 않을 수 없는 법. 나와 같이 분류나 생태를 전공하는 생물학자를 'Field Biologist'라 하는데, 우연찮게도 강과 산 바다를 돌아친 이런 사람들이 오래 산다고 한다. 그래 그런지 나도 고희를 넘기고도 다리 힘이 그리 빠지지 않았다. 실은 밭농사도 짓고 젊은 교수들과 산행(山行)도 자주 가고, 세상을 즐겁게 사는 까닭에 그러리라. 여담이었다. 거문도 부두에 내려 찾아낸 여관은 달랑 한 집밖에 없었고, 그날따라 그 집에 든 길손은 나 혼자뿐이었다.

도착 다음날 동도를 하루 종일 헤맸으나 이미 채집한 기록이 있는 거문도좀혹달팽이는 잡지 못하고 엉뚱하게 영국인 무덤만 찾은 꼴이 되고 말았다. 채집한 기록은 있는데도 채집을 못 했을 때의 무력감과 패배감은 당해 봐야 안다. 그런데 꿩 아니면 닭이라 하던가. 아무튼 그때의 우울한 기분과는 달리, 흐릿한 전등 밑에서 하루 종일 잡은 표본을 정리하다 보니 역시 거문도 특산종인 거문도깨알달팽이(*Diplommnatina kyobuntoensis*, 종명인 kyobuntoensis의 kyobunto는 일본어로 거문도를 의미한다.)를 채집하는 큰 수확이 있어 말할 수 없이 기분이 좋았다. 수확이란 말 대신 '횡재'했다고 해도 좋을 듯.

다음날은 일찌감치 통통배를 타고 서도로 건너갔다. 제법 큰 마을을 돌아 약간 비스듬한 언덕길을 올라 나무 몇 그루가 있는 밭 가장자리에서 배낭을 풀고 채집을 시작했다. 겨울이라 하나 거문도는 초봄같이 따뜻해 양지 바른 밭둑에는 벌써 봄나물이 올라오고 있었다. 그래도 바람은 차서 파카를 머리까지 푹 눌러 쓰고 가랑잎과 돌멩이를 하나하나 뒤집으며 깨알 같이 작은 달팽이들을 이 잡듯 찾고 찾았다.

아직도 노브에아를 채집하지 못해 눈에 쌍심지를 올려 켜고 뒤지고 있는데, 육감적으로 뭔가 내 뒤를 스쳐 지나가는 것 같아 재빨리 뒤돌아보았으나 아무것도 보이지 않는다. 혼자 채집을 하다 보면 참 무서울 때가 많다. 한라산 중턱 계곡에서는 몽둥이를 옆에 세워 놓고 채집한 적도 있었고, 눈이 펑펑 쏟아지는 흑산도에서는 후드득 떼 지어 날아가는 흑비둘기 소리에 기절 직전까지 간 적도 있다. 이럴 때는 개 목덜미 갈기처럼 머리털이 꼿꼿이 선다. 기분이 좀 이상해 큰기침을 "컹, 컹" 하면서 채집을 계속하고 있었는데, 이게 웬 일인가? 섬뜩한 느낌이 들어(텔레파시라는 것이 있긴 있나 보다!) 다시 뒤로 돌아보는 순간. "손들어!"

채집 도구를 땅바닥에 힘없이 떨어뜨리고 두 손을 들어 올린다. 손을 들고 둘러보니 사람들이 몇 겹으로 둘러쌌고, 험상궂은 사내가 잡고 있는 총부리는 나의 심장을 겨누고 있는 게 아닌가. "아저씨들 와이라요."라는 나의 물음에, 막무가내로 "당신 뭐요, 당신 간첩이지."라고 몰아세운다. "나는 서울 대학교 사범 대학 부속 고등학교 생물 선생이오. 달팽이 채집을 하고 있소."라고 나의 신분을 밝히면서 교사 증명과 주민등록증 등 모든 밑천을 다 드러내 보였다. 나도 그놈의 총이 무서웠던지, "고등학교 선생이오."라고 해도 될 것을 어느 학교 무슨 선생, 까지 소상히 보고(?)하고 있었다.

그러나 신분증만으로 섣불리 나를 믿어 줄 그들이 아님을 의심찬 그들의 눈에서 읽을 수 있었다. 그래서 무슨 여관에 숙소를 정했으니 그곳에 연락해 보라고 했다. (섬 같은 곳에는 외지인이 오면 여관 주인은 여러 가지 방법으로 신분을 알아내고, 임검 온 순경들은 주민등록번호로 곧 조회를 하는 것을 알고 있었다.) 서로 경계심이 조금 누그러지는 사이에 한 사람이 뛰어내려가 마을 전화로 나의 신분을 확인하고 왔다. O.K다. 여유를 찾은 마을 사람들도 "선상님, 그 달팽이 어디 쓴당가요?"라는 질문을 빼놓지 않는다. 어디서나 받는 질문이다. 나도 능청맞게 잡은 달팽이를 보여 주면서 "이 달팽이는 남자들에게는 정력에 좋고 여자한테는 미용과 허리 아픈 데 좋다."라고 큰 소리로 약을 판다. 나중에

안 일이지만 내가 채집한 바로 그 서도에서 고정 간첩 사건이 일어났다고 한다. 파카 푹 뒤집어쓰고 땅바닥에 엎드려 뭔가를 뒤적거리고 있는 꼴이 영판 그들 눈에는 다른 첩자가 묻어 둔 난수표를 찾는 것으로 보였던 것이다. 내가 봐도 그런 생각이 들 만도 했다.

채집은 안 되고 개망신만 당해, 허탈한 기분으로 본섬(고도)으로 돌아왔다. 채집을 포기하고 내일은 떠나리라 마음먹고, 섬 구경이나 할 겸 뒷산의 밭을 어슬렁어슬렁 거닐기도 하고, 바닷가에 내려가 손에 닿는 대로 바다 조개, 고둥을 채집하면서도 여전히 개운치 못한 생각이 머리를 짓누른다. 노브에아를 채집하지 못한 아쉬움 때문에 그런 것이다. 그런데 지나가는 사람들의 한풀 꺾인 이야기 소리에 아쉬움은커녕 벼락 맞은 기분으로 뒤바뀌고 말았다. 태풍 때문에 내일 배가 못 뜬다는 것이다. 난감하기 짝이 없는 일! 물론 이런 때를 대비해 계산된 여비 외에 손가락에 금반지 하나를 끼고 왔지만.

여수로 나가는 것을 포기한 나는 아침 일찍 뒷산 밭 가로 다시 올라갔다. 바람에 거세진 파도를 바라보다가 노는 입에 염불한다고 장난삼아 큰 돌 하나를 들춰 가까이 들여다보던 나는 까무러치게 놀랐다. "와, 너 여기 있었구나. 노브에아!" 돌을 제자리로 살짝 내려놓고는, 그 옆에 한껏 퍼질고 앉아 먼 바다를 넘겨다보면서 담배 한 대를 깊게 빨아 당긴다. 후, 거문도좀혹달팽이, 노브에아! 태풍이 날 살렸다.

권오길

강원 대학교 생물학과 명예 교수

경남 산청에서 태어나 서울 대학교 생물학과 및 동 대학원을 졸업하고, 수도여중
고, 경기고교, 서울사대부고 교사를 거쳐 지금은 강원 대학교 생물학과 명예 교수
이다. 학생들에게는 오묘한 생물 세계를 체계적으로 안내하는 선생님으로, 강의
에는 입담좋은 교수로, 일반인들에게는 대중 과학의 친절한 전파자로 종횡무진
활약하고 있다. 저서로 『생물의 죽살이』, 『생물의 다살이』, 『개눈과 틀니』, 『바다
를 건너는 달팽이』, 『하늘을 나는 달팽이』, 『인체기행』, 『원색 한국패류도감』, 『생
물의 세계』, 『생물의 애옥살이』 외 다수가 있다. 한국간행물윤리상 저작상(2002
년), 대한민국 과학문화상(2003년) 등을 수상했다.

길모퉁이 카페에서 :
어린 시절 나를 매혹시켰던 것들

길모퉁이 카페는 우리들의 아지트였다. 물론 탁자도 의자도 커피도 없는 노천 카페였다. 좁은 골목길 모퉁이에 있었던 촌스러운 낡은 파란색 철대문으로 들어서는 시멘트 문턱이 제법 높았는데, 우리들은 그곳에 이런 저런 물건들을 가져다 놓고 모여 앉아서 소꿉놀이도 하고 물건을 서로 바꿔 갖기도 했다. 딱딱한 10원짜리 삼립 크림빵과 성게 가시를 쳐낸 것 같이 생긴 가지각색의 왕사탕이 단골 메뉴였다. 왕사탕을 빨다가 남겨서 친구에게 넘겨주기도 했다. 크림빵은 늘 몇 조각으로 쪼개서 나눠 먹곤 했다. 민트 껌도 자주 등장했는데, 나는 사실 껌 자체보다도 껌을 싸고 있던 종이에 더 관심이 있어 나눔의 시간이 되면 늘 껌을 포기하고 종이에 집착했다. ∧ 자처럼 생긴 꺽쇠 문양이 너무 멋졌기 때문이었다. 물론 다툼이라도 벌어졌던 날에는 내 편 네 편으로 갈라서서 크림빵도 왕사탕도

민트 껌도 같은 편끼리만 나눠 먹었다. 그럴 때면 나는 늘 하늘이 편이 되고 싶었다. 싸움의 원인이나 결과와 상관없이……. 그 여자 아이의 이름이 정말 '하늘'이었는지, 언제 그 아이의 이름을 잊었는지도 모르지만 오래도록 그냥 '하늘'이라고 부르고 싶었다. 파란 대문 집은 바로 하늘이의 집이었다.

길모퉁이 집 파란 대문 앞에 서서 그림자 만들기 놀이를 하던 기억이 난다. 해를 등지고 대문을 바라보았을 터이니 남향으로 난 것이 틀림이 없다. 대문을 바라보고 서 있으면 왼쪽으로 길고 좁은 골목이 이어지는데, 골목길을 따라서 내 키의 다섯 배쯤 되도록 옆으로 걸어가서 방향을 180도 돌리면 그곳이 바로 우리 집이었다. 주인집으로 들어가는 대문 옆에 따로 난 작은 철문을 통과하면 나오는 작은 마당 오른쪽으로 빙 둘러서 방이 있었던 것으로 기억난다. 동생들이 아직 한참 어렸을 때이니 나는 아마도 할머니 방에서 주로 지냈을 것이다.

골목길에서는 구슬치기와 딱지치기가 벌어졌다. 구슬은 빽구슬이라고 부르던 하얀색 사기 구슬이 인기였다. 가끔은 어디서 구해왔는지 쇠구슬이 등장하기도 했다. 나는 구슬 속에 노란색 실 같은 것이 얽혀 있던 왕구슬에 늘 탐을 냈는데 한 번도 따 본 적이 없었다. 결국 엄마한테 돈을 얻어서 문방구에서 살 수 밖에 없었다. 다음날로 다른 친구 손에 넘어가 버리기는 했지만 말이다.

나는 재주가 없어서인지 딱지치기에서도 주로 잃는 편이었다. 신문지로 접은 네모 딱지 뒤집기 놀이를 했는데, 빳빳하고 매끄러운 달력으로 만든 네모 딱지로 무장하고 나온 날이 아니면 결코 친구들의 기술의 벽을 넘어설 수 없었다. 만화가 그려져 있던 동그란 딱지로는 좀 더 다양한 놀이를 할 수 있었다. 딱지를 한 장씩 내 별이 많은 쪽이 이기는 놀이부터 뒤집기 놀이까지 우리는 가능한 모든 놀이법을 찾아냈다. 이유는 딱히 모르겠지만 나는 뽀빠이 그림 딱지는 정말 질색이었다. 이를 잘 아는 어떤 친구는 내 구슬과 딱지가 담겨져 있던 둥근 과자 깡통 속에서 말도 하지 않고 뽀빠이 딱지를 꺼내가곤 했다. 나도 별 불평이 없었다.

저녁노을이 보일 무렵이 되면 나는 골목길 끝으로 달려갔다. 왜 초승달은 매일 보이지 않는지 정말 궁금했다. 엄마, 아빠에게서도 만족할 만한 답을 들을 수 없었다. 지금은 하나도 기억나지 않지만 친구들은 이해하기 어려운 수많은 이야기들을 들려주곤 했다. 다만 열심히 내게 설명하던 하늘이 입술의 움직임만은 육감적으로 뇌리에 남아 있다.

길모퉁이 카페 집에서 남쪽으로도 골목길이 있었는데 그렇게 길지는 않았던 것 같다. 조금 걸어가면 좀 더 큰 길이 있었다. 차도 다니고 자전거도 다니던 길이었다. 길을 건너가면 또 다른 길모퉁이 카페와 골목길이 있었다. 골목길을 또 지나서 가면 논인지 밭인지, 허수아비도 참 많았고 참외도 많던 기억이 새록새록 떠오른다. 가끔 우리들은 의기투합을 해서 논으로 원정을 가기도 했는데 그야말로 또 다른 세상, 우주였다.

햇볕이 정말 따사로운 어느 날이었다. 봄날이라고 하자. 길 건너

길모퉁이 카페에서 하늘이가 다른 아이들과 소꿉놀이를 하고 있었다. 뭐라고 내게 소리를 쳤는데 너무 멀어서 잘 들리지 않았다. 하늘이의 손짓을 보고 전속력으로 달려가다 길 중간쯤에서 나는 정말 내 키의 몇 배만큼을 날아가서 땅바닥에 처박히고 말았다. 달려오던 자전거가 나를 덮쳐 버린 것이었다. 머리가 찢어져서 피가 흘렀다. 놀라서 울지도 못하고 멍하니 있는데 놀란 자전거 주인보다 하늘이가 더 먼저 달려왔다. 피가 흐르는 내 머리를 만져 주고 있었다. 하늘이 말소리는 멍하니 울리기만 하고 입술의 움직임만 눈에 가득 찼다. 바로 그 자전거에 실려서 병원으로 갔고 머리를 몇 바늘이나 꿰매고야 말았다. 자전거에 실려 가는 그 순간에도 하늘이의 손 느낌이 아련히 남아 있었다. 새로운 세계로 통하는 길이었던 그 길은 그 날 이후 내게는 공포의 길이 되어 버렸다.

한번은 하늘이가 자기 집으로 나를 데리고 가서 자기 방을 보여 주었는데, 가슴 두근거리는 순간이기도 했지만 내게는 또 다른 절망의 시작이기도 했다. 같은 나이였던 하늘이가 국민학교에 입학을 하게 된 것이었다. 아마 생일이 1월이나 2월이었을 것이다. 내게 교과서를 보여 주면서 자랑을 했다. 그러고는 이제 자기는 학교에 다녀야 하니 나 같은 꼬마들과 놀 시간이 없다는 것이었다. 그래서 마지막으로 자기 방에 불러서 자기가 소중하게 간직하고 있던 물건을 하나 주면서 이별을 고하는 자리를 마련했던 것이었다. 엄지손톱 두 개만한 작은 볼록 렌즈였는데, 당시에는 그것이 무엇인지 알 길이 없었다. 하늘이도 신기하게 생긴 구슬이라고 했다. 하늘이는 학교 친구들과 어울리기 시작했고 우리는 어느새 서먹한 사이가 되어 버리고 말았다.

해가 바뀌고 나도 국민학생이 되었다. 어린 마음이었지만 오른쪽 가슴에 달았던 이름표야 그렇다 치고 왼쪽 가슴에 달아야 했던 하얀 손수건은 정말 창피하다고 느꼈던 기억이 난다. 그래도 시도 때도 없이 흐르던 콧물을 닦기에는 정말 기능적이었다. 학교는 내가 초승달을 보기 위해서 달려가던 골목길의 끝을 지나서 한참을 더 가야만 하는 곳에 있었다. 골목길을 벗어나서 한참을, 정말 내 키의 100배도 넘게 가다 보면 시장이 나왔다. 한 반이 거의 90명씩이었는데도 우리 학교는 한 학년에 24반까지 있었다. 나는 14반이었는데 2부제 수업으로도 교실이 부족해서 3부제 수업을 하던 곳이었다.

집에서 점심을 먹고 나서야 학교에 가는 날도 많았다. 그런 날이면 시장 이곳저곳을 기웃거리는 재미에 빠져들곤 했다. 학교 생활도 나쁘지 않았다. 그곳에는 하늘이보다 더 예쁜 여자 아이들이 넘쳐났다. 나는 비로소 왜 하늘이가 내게 절교(?)를 선언했는지 어렴풋이 깨달아 가고 있었다. 국어 시간에 한글을 배우기 시작했다. 내가 미처 한글을 깨우치지 못하고 학교에 입학했는지는 분명하게 기억이 나지 않지만, 어쨌든 글 옮겨쓰기 연습에 열심이었다. 얇은 국어 공책을 얼마 못가서 다 쓰고 더 두꺼운 국어 공책을 사려고 동네 문방구에 들렀는데, 내 인생의 길이 정해져 버린 순간이었다. 아폴로11호 우주인이 달에 어정쩡하게 서 있는 사진 한 장. 우주인 헬

멧에 반사되어 비친 또 한사람의 모습. 그들은 달 위에 서 있었다. 내가 길모퉁이 카페의 끝자락에서 날마다 보러 뛰어 갔던 하늘 높이 떠 있는 그 달 위에.

아마 당시의 내 느낌과 감상은 이렇게 구체적인 것은 아니었을 것이다. 그저 말로 표현하기 어려운 막연한 그런 설렘이었을 것이다. 하지만 그 순간의 느낌은 아직도 또렷하게 마음속에 깊이 각인되어 있다. 주인 아저씨가 내민 공책 표지 사진을 그저 바라만 볼 뿐 나는 움직일 수도 없었다. 어린 마음에도 내가 이상하다고 느꼈다. 아저씨의 말소리도 도통 들리지 않았고 나는 그저 사진을 바라만 보면서 내 혼자만의 상상의 세계로 마구 내달음질치고 있었다. 내가 갖고 있던 모든 것들이 시시해졌다. 꺾기 문양의 껌 종이도, 별이 빼곡하게 둘러쳐진 딱지도 노란색 실이 들어 있는 왕구슬도, 심지어는 하늘이가 준 볼록 렌즈도 정말 시시하게 느껴졌다. 거스름돈으로 가져가야 할 돈까지 모두 털어서 암스트롱의 발자국이 큼직하게 찍혀 있는 사진을 표지로 한 다른 공책까지 한 권을 더 사들고 집으로 돌아갔다.

그 날 밤늦은 시간까지, 나는 그 공책에 글씨를 쓰고 또 쓰기를 반복했다. 국어 공책 표지의 아폴로 11호 사진을 따로 뜯어서 갖고 싶은 마음에서였다. 손가락이 굳어져서 뒤틀렸다. 손목이 욱신욱신했다. 팔도 아파서 눈물이 날 지경이었다. 드디어 어깨가 저려오고야 말았다. 나는 참았던 울음을 터뜨리고야 말았다. 하지만 이내 눈물을 거두고 울먹거리면서 또 글씨를 써내려 갔다. 오로지 그 사진을 갖고 싶다는 욕심에서였다. 소심한 성격이어서 그냥 공책 표지 사진만 뜯어내고 공책 속을 버리자는 생각은 꿈에도 못했을 것이다. 그러다가 팔이 아파서 또 울었다. 눈이 통통 부어오르도록 울면서 글씨를 써내려 갔다.

일을 마치고 밤늦게 집으로 돌아오신 엄마에게 들키지 않으려고 배가 아픈 척을 해 가면서 또, 또, 또, 글씨를 써내려 갔다. 겨우겨우 공책 한권에 글씨 옮겨 쓰기를 마치고 또 울음을 터뜨렸다. 팔이 너무너무 아팠던 기억이 새록새록 떠오른다. 잠자리에 들어서도 사진 생각에 잠들지 못했던 그 설렘이 또 문득 찾아온다.

다음날 아침, 영문을 모르는 엄마와 아빠는 공책 한권을 한글로 꽉 채워 놓은 아들의 머리를 기특하다는 듯 쓰다듬어 주셨다. 나는 바로 사진을 공책에서 뜯어내어 구슬과 딱지가 들어 있던 과자 깡통에 집어넣었다. 하늘이가 준 볼록 렌즈와 함께. 나의 글씨 쓰기는 그 후로도 계속되었고, 우는 횟수가 많아질수록 내 깡통에는 아폴로 11호 사진이 더 많이 쌓여 갔다. 그렇게 1970년 나의 국민학교 1학년 1학기가 흘러가고 있었다.

그해 여름, 우리 집은 이사를 갔고 나는 길모퉁이 카페를 남겨 둔 채 답십리를 떠났다. 이사 가는 날 아침, 나는 골목길 길모퉁이 카페 친구들을 찾아다녔다. 내가 모아 두었던 딱지며 구슬이며 온갖 것들을 나눠 주었다. 모아 두었던 돈 몇십 원을 아주 친했던 동무들에게 나눠 주면서 꼭 삼립 크림빵을 사 먹으라고 당부하기도 했다. 마지막으로 하늘이 집을 찾아갔다. 나한테 가장 소중한 것을 주고 싶었다. 내가 그토록 소중하게 모아 두었던 아폴로 11호 사진을 꺼내어 들고 갔다. 어색하게 이별 인사를 나누었지만, 끝내 아폴로 11호 사진을 건네주지는 못했다. 너무 아까웠기 때문이었다. 하늘이는 나한테 제일 소중하게 간직하던 볼록 렌즈를 주었는데……후회하는 마음이 들었지만 여전히 아깝다는 마음이 앞섰다. 그래서 결국은 하늘이의 볼록 렌즈를 돌려주는 것으로 양심과 타협을 해 버리고 말았다.

그렇게 나는 1970년 여름 길모퉁이 카페를 떠났다. 내가 하늘이라고 부르는 그 아이의 이름도 얼굴도 잊고야 말았다. 시간이 지나면서 나는 하늘이의 볼록 렌즈보다 두 배는 더 큰 렌즈를 구해 망원경을 만들기도 했다.

나는 더 넓은 길모퉁이 카페에서 또 다른 친구들을 만났고 초승달과 함께 금성을 올려다보는 습관을 갖게 되었다. 금성출판사에서 나온『학생백과사전』제1권 우주를 읽고 또 읽으면서 왜 달이 매일 밤 같은 곳에서 보이지 않는지도 알게 되었다. 월간《학생과학》을 만나면서 더 많은 궁금증이 생겨나긴 했지만 그래도 세상에 대한 우주에 대한 많은 궁금증이 풀렸다. 그렇게 나는 커 가고 있었다. 이제, 어린 시절 나를 매혹시켰던 것들에 대한 이야기도 아폴로 11호 사진 속에 박혀 버린 우주인들의 옛 이야기처럼 여기서 멈추어 서 버린다.

이명현

한국천문연구원 연구원

네덜란드 흐로닝언 대학교 천문학과에서 관측 우주론 전공으로 박사 학위를 받은 후 한국천문연구원에서 근무하고 있다. 최근에는 가까운 은하단에 속한 나선 은하들의 환경에 따른 물리적 특성의 차이를 전파 관측을 통해서 규명하는 연구를 하고 있다. 2009 세계 천문의 해 한국 조직 위원회 문화 분과 위원장을 맡아서 과학과 예술의 만남전, 젊은 시인 50인 신작 별 시 낭독회, 문화 예술계 활동가들이 쓰는 우주 에세이 등을 기획하고 진행했다. 외계 지적 생명체를 탐색하는 SETI KOREA 프로젝트의 사무국장으로 활동하고 있다.

한 인문학자의 과학 편력

가끔 나 자신의 학문적·직업적 정체성에 대해 곰곰이 생각해 볼 때가 있다. 나는 의과 대학을 졸업했지만 임상 의사가 되지 못했고, 한동안 기초의학 실험실에서 일한 적은 있지만 그렇다고 기초 의학자도 되지도 않았다. 지금은 의학에 대한 역사와 철학을 연구하고 가르치는 일을 하고 있는데 의학을 대상으로 하는 역사와 철학을 하는 학자이니 인문학자라고 하는 것이 나의 직업적 정체성으로는 옳을 것이다. 그렇지만 처음부터 인문학자가 될 생각을 했던 것은 아니었다.

어린 시절부터 청소년기까지 나의 장래 희망은 변함없이 과학자였다. 내가 과학자가 되어야겠다고 생각하게 된 결정적 계기는 어린 시절 교회에서 본 한 편의 영화 때문이었다. 국민학교에 들어가기 전으로 기억되는 어느 날 저녁, 내가 다니던 교회의 다다미 방예배실에서 한 편의 영화를 보았다. 영화의 내용이 무엇이었는지, 내가 왜 영화를 보게 되었는지는 전혀 기억나지 않지만 주인공이 있고 이야기가 있는 극영화가 아닌 일종의 다큐멘터리 영화였다는 것은 기억난다.

돌이켜 보면 그것은 종교와 과학의 관계, 혹은 자연의 세계 속에 신의 섭리가 깃들어 있다는 주장을 펼치기 위해 만든 영화였고, 그래서 아마 교회에서 그 영화를 상영하지 않았을까 추측될 따름이다. 그렇지만 철부지였던 당시의 내게 그런 심오한 내용이 전달되었을 리는 없었고 다만 영화에 나오던 시험관, 현미경 등의 실험 도구들이 그토록 멋지게 보였다. 그것을 보면서 나도 장차 저런 기구들을 다루는 과학자가 되리라고 결심하게 되었다.

그 이후 과학자가 되겠다는 결심은 어린 시절 내내 한 번도 흔들리지 않았다. 국민학교에 들어가서는 용돈이 모이면 과학 기구들을 판매하는 과학사에 가서 당시 내게 별다른 용도도 없는 시험관이나 비커, 알코올 램프 등 실험 기구들을 사 모았다.《학생과학》이라는 과학 잡지도 사서 열심히 보았는데 당시 초등학생인 나의 지식 수준으로는 이해하기 어려운 내용이 대부분이었다. 그렇지만 거기서 읽은 과학사의 이야기들이나 간간이 내가 이해할 수 있는 기사들은 나의 과학 상식을 넓히는 데 많은 도움을 주었다.

그러다가 한번은 다이너마이트를 만든 노벨의 전기를 읽게 되었다. 거기에는 노벨이 다이너마이트를 제조하는 과정이 비교적 자세하게 나와 있었다. 책에 언급된 정도의 재료와 과정이라면 나도 다이너마이트를 만들 수 있겠다는 생각이 들어서 다이너마이트 제조 실험에 착수했다. 니트로글리세린의 재료가 되는 글리세린을 구하기 위해 약국에 달려갔고, 과학사에 가서 초석이나 황 등의 재료들을 구입했다.

재료가 갖추어지자 노벨 전기에 나와 있는 방법대로 니트로글리세린을 만들어 마당 한구석에서 조바심을 내며 불을 붙여 보았다. 그러나 커다란 굉음과 폭발을 일으키리라는 나의 기대와는 달리 파랗고 빨간 예쁜 불꽃과 함께 묘한 냄새를 내며 맹렬히 타 들어갈 뿐 내가 기대하던 폭발은 일어나지 않았다. 실험이 실패했기에 망정이지 만약 성공했다면 아마도 나는 지금 이 글을 쓸 수 없었을 것이다.

다이너마이트 제조가 실패로 돌아가고 난 이후 나의 관심은 전기 전자 쪽으로 옮겨 갔다. 4학년 무렵 내가 다니던 국민학교에는 '라디오 조립반'이라는 특별 활동반이 있었고 거기에 속한 아이들은 꽤나 비싸 보이는 권총형 납땜기나 그밖에 이런 저런 기구와 부품들을 한 가방 가득히 넣어 다녔다. 부럽기는 했으나 당시 가정 형편상 그런 것들을 부모님께 사 달라고 할 수 없었다. 다만 6학년이 되며 집안 형편도 나아져 용돈을 모아 납땜기나 전자 기구 조립 키트 등을 사서 조립하기 시작했다.

그때 사서 열심히 보던 책이 '007'이라는 이름이 들어가는 책이었다. 007 영화에 신기한 전자 기기들이 많이 나오는 데서 착안해 붙인 이름이었는데 재미있는 용도의 전자 기구들을 조립할 수 있게 만든 책이었다. 지금 생각하면 일본 책의 번역이 아니었나 싶다. 어쨌든 조립이 가능하게 아예 키트로 만들어 파는 경우도 있었고, 필요한 부품을 전자 상가에 가서 일일이 구해 만들 수도 있었다. 그중에서 쉬워 보이는 것들을 만들어 보기도 했는데 성공하는 경우보다는 실패하는 경우가 훨씬 많았다. 그때문에 나의 능력에 대해 상당히 회의적이 되었다. 그러던 중 6학년 겨울 방학에 라디오 조립에 도전했다. 라디오 조립 키트를 사다가 그야말로 밤을 새워 가며 납땜질을 했지만 결과는 실패였다. 라디오 조립의 실패로 나는 의기소침해졌고 과학에 대한 흥미도 적지 않게 잃게 되었다. 지금 생각하면 손재주와 과학을 혼동한 결과였다. (물론 손재주가 좋으면 많은 실험에서 유리한 것은 사실이지만.)

어쨌든 라디오 조립 실패로 전자에 대한 흥미를 완전히 잃고 중학교에 진학했는데 하루는 중학교 1학년 과학 시간에 선생님으로부터 '상대성 이론'이라는 멋있어 보이는 이론에 대해 듣게 되었다. 선생님도 그에 대해 자세하게 설명해 주지는 않으셨지만 하여튼 그것이 뭔지 알아보아야겠다는 생각이 들어 수업이 끝나자 서점으로 달려갔다. 주인 아저씨에게 무턱대고 '상대성 이론'이라는 책이 있냐고 물어보니 아저씨는 "상대성 이론!"이라고 큰소리로 되풀이하더니 서가에서 정말 『상대성 이론』이란 제목의 책을 한 권 뽑아 주셨다.

책을 사서 집에 와 읽기 시작했지만 역시 이해가 쉽지 않았다. 일반인을 위한 상대성 이론 해설 서적이기는 했으나 중학교 1학년의 지식 수준으로는 무리한 내용이었다. 물론 책의 내용을 제대로 이해하지는 못했지만 시간과 공간, 그리고 물질을 다루는 물리학이라는 멋진 학문이 있다는 사실을 알게 되었다. 그 이후로 나의 꿈은 '과학자'에서 '물리학자'로 구체화되었다.

이 무렵 물리학에 대한 꿈을 더욱 키우게 되는 계기가 찾아왔다. 그것은 물리학을 전공하는 어떤 형을 알게 된 일이었다. 내가 다니던 교회의 선배로 캘리포니아 공대(칼텍) 물리학과 학부에 다니던 형을, 대학생이던 누나가 소개시켜 주었던 것이다. 지금이야 한국에서 고등학교를 졸업하고 미국 대학의 학부에 진학하는 것이 흔한 일이 되었지만 1970년대 후반 당시 한국에서 고등학교를 졸업하고 미국의 대학 학부에 진학하는 경우는 극히 드물었다. 사실 그 형의 경우 대학 재학 중 칼텍에 편입한 경우이기는 했지만 어쨌거나 학부 진학은 학부 진학이었고 더구나 미국의 수재들이 모인 그곳에서도 수학 천재라는 소리를 들으며 다니고 있다고 했다. 그 형과는 몇 차례 편지를 주고받았는데 물리학의 여러 분야들을 설명해 주었고 물리학자가 되겠다는 내 꿈을 격려해 주기도 했다. 내가 고등학교 2학년 때 형이 잠시 귀국해서 한 번 만난 이후로는 지금까지 소식을 모르고 지내고 있어 가끔 궁금할 때가 있다. 아마 훌륭한 물리학자로 활동하고 있지 않을까 한다.

물리학이라는 구체적인 목표가 생기면서 중학교 때에는 물리학에 관한 책들을 많이 사서 읽었다. 물론 이해되는 내용보다는 이해되지 않는 내용들이 더욱 많았지만 그래도 책을 읽는 과정에서 얻은 것이 많았다. 중학교를 마칠 무렵 입학과 동시에 든 적금을 탔는데 그것은 학교에서 일종의 의무처럼 가입하게 한 것이었다. 물론 매달 낸 돈은 어머니가 주신 돈이었지만 목돈을 찾게 되었을 때 어머니는 고맙게도 그 돈을 전부 내게 주셨다. 적지 않은 돈을 가지게 된 나는 그 길로 대구 시내의 큰 서점에 가서 전파과학사에서 나온 『현대과학신서』 중 내게 없는 수십 권을 한꺼번에 샀다.

그리고 중학교 3학년 겨울 방학 동안 그 책들을 열심히 읽었다. 그중에 지금도 특별히 생각나는 책은 조지 가모브가 지은 『중력』이다. 뉴턴이 중력 현상을 설명하는 과정에서 방법론으로서 미적분학을 만들어 내지 않을 수 없었던 이유에 대한 해설은 그 이후 고전역학과 미적분학의 개념을 이해하는 데 많은 도움이 되었다. (그렇게 사 모은 책들은 대구 본가의 내 방에 있었는데 대학교 때 집에 화재가 나는 바람에 전부 사라지고 말았다. 얼마 전 가모브의 『중력』을 다시 읽고 싶어 사 보려 했지만 이미 절판이 되어 구할 수 없어 아쉬웠다. 물론 도서관에서 빌릴 수야 있겠지만 소장하고픈 욕심이 많은 책이어서 당분간 헌책 사이트에서 부지런히 찾아볼 생각이다.)

고등학교에 진학해서도 물리학자가 되겠다는 꿈에는 변함이 없었다. 그러나 좋든 싫든 차츰 그 꿈을 다시금 생각해 보아야 할 일들이 생겼다. 하나는 나 자신의 능력에 대한 회의였다. 물리학자가 되려면 무엇보다도 수학을 잘 해야 하지만 스스로 생각하기에 나는 그처럼 수학에 뛰어나지 않았다. 대학에 진학할 정도는 되겠지만 그 이상은 아니었다. 물론 수학에도 많은 관심을 갖고 이런저런 책들을 사 보기도 했다. 특히 지금은 나오지 않지만 《수학세계》라는 잡지(『수학의 정석』의 저자인 홍성대 씨가 만든 유일한 수학 잡지)를 사서 재미있게 보았는데 주로 수학의 역사와 관련된 글들이 재미있었다. 아마도 역사에 대한 관심은 그렇게 이어졌던 것 같다.

고등학교 2학년이 되어 문과와 이과를 정하면서 나는 당연히 이과를 선택했는데 물론 그때까지만 해도 물리학자가 되겠다는 굳은 결심이 있었기 때문이었다. 그리고 다른 한편으로는 인문학은 혼자 책을 보며 공부해도 되지만 자연 과학이나 수학에 일종의 강제적 틀을 거치지 않고 입문하는 것은 지극히 어렵기 때문에 혹 내가 나중에 인문학을 전공하게 되더라도 이과에 가서 자연 과학을 공부한 것이 결코 손해는 되지 않을 것이라는 판단도 작용했다. 지금 인문학을 하고 있는 나는 가끔 인문학자들이 자연 과학에 대해 갖고 있는 편견이나 오해, 때로 콤플렉스 같은 것을 목격하게 되면 그때 나의 판단이 옳았다는 생각을 하게 된다.

일단 이과로 방향을 정했지만 진로에 대한 고민은 점차 깊어졌다. 집에서는 당연히 의과 대학에 가기를 바라셨다. 그렇게 고민을 하던 중에 진짜 수학자와 만나 이야기할 수 있는 기회를 가지게 되었다. 고등학교 2학년 겨울 방학 때였다. 교회의 어느 선생님으로부터 자기 친구의 남편이 촉망받는 젊은 수학자로 당시 대구 어느 대학의 교수로 있다는 이야기를 들었다. 그리고 선생님의 소개로 그 수학자를 방문했다. 그는 고등학교 2년생이던 나의 눈에도 무척 젊고 순수해 보였다. 오전 11시쯤인가 그의 집으로 방문했는데 점심을 같이 먹고도 몇 시간인가 같이 이야기를 나누었다. 이야기를 나누었다기보다는 그가 주로 수학에 관해 이런저런 이야기들을 해주었다. 그때 이야기들이 다 기억나지는 않지만 '러셀의 역설' 이야기가 기억에 남는다. 그는 자신이 수학을 공부하던 이야기, 그리고 신참 교수로서의 어려움까지도 내게 이야기해 주었다.

그때는 그런가보다 하고 이야기를 들었지만 지금 돌이켜 생각해보면 무척 고마운 분이다. 집으로 불쑥 찾아온 어린 고등학생에게 점심까지 먹여 가면서 몇 시간씩 수학과 자신의 삶에 대한 이야기를 해주기란 쉽지 않았으리란 생각을 요즘 새삼 하게 된다. 근래에 내 전공에 관심을 가지고 연구실로 찾아오는 학생들이 가끔 있지만 그때 그 젊은 수학자가 고등학생이던 내게 그랬던 것처럼 친절하고 여유 있게 시간을 내주지는 못한다.

그 수학자로부터 좋은 인상을 받았음에도 불구하고 물리학은 내 길이 아니라는 생각이 점차 굳어졌다. 그래서 결국 의과 대학에 진학했다. 의과 대학 졸업 후 이런저런 우여곡절을 겪으며 기초 의학 실험실에서 5년을 보냈고, 변변치 못한 실험 논문으로 박사 학위까지 받았지만 지금은 의학사와 의학 철학이라는, 의학 자체가 아니라 의학에 대해 비판적으로 성찰하는 인문학을 하고 있다. 그렇지만 중·고등학교 시절 물리학과 수학에 대해 가졌던 관심, 의과 대학에서 배운 인체에 대한 과학적 지식, 그리고 졸업 후 해부학과 기생충학 실험실 생활을 하며 배우고 느꼈던 것은 지금 내가 인문학을 하는 데 큰 자양분이 되고 있다. 그런 경험은 보통의 인문학자들이 가질 수 없는 것들이었고 그런 의미에서 불필요하게 먼 길을 둘러온 것은 결코 아니었다. 오히려 지금은 그러한 과정을 겪을 수 있었던 것에 대해 감사하게 생각한다.

여인석

연세 대학교 의과 대학 교수

1990년 연세 대학교 의과 대학을 졸업하고 연세 대학교에서 기생충학 전공으로 의학 박사 학위를, 파리 7대학에서 서양 고대 의학에 관한 연구로 철학 박사 학위를 받았다. 전공은 의학사와 의학 철학으로 현재 연세 대학교 의과 대학 의사학과에 재직하고 있으며 연세 대학교 의학사 연구소 소장을 맡고 있다.

한국 사회에서 과학을 한다는 것

어쩌다가 물리를 하게 되었냐는 이야기는 내가 흔히 듣는 질문 가운데 하나다. 이 글도 그런 '흔한' 질문 때문에 시작되었다. 평소에는 가볍게 답하고 넘겼던 질문을 글로 답하려니 문제가 자못 심각해졌다. 왜냐하면 내가 물리를 하게 된 데에는 그리 특별한 사연이나 계기가 거의 없기 때문이다. 무슨 책이나 전시회, 독특한 경험을 기대했던 사람들이라면 무척이나 싱겁고도 실망스러울 것이다.

그렇다고 해서 40년 가까운 내 인생이 교과서 같은 삶이었던 것도 아니다. 지금의 내 생활도 정석적인 생활과는 한참 거리가 있어 보인다. 지금의 이런 내 모습이 있기까지 과학과 나의 인연은 그만큼 간단하지는 않았다. 그래서 내가 과학자로서의 인생을 살게 된 계기를 얘기하는 것보다 그 남다른 인연을 소개하는 것이 훨씬 더 흥미로울 것 같다.

내가 과학자가 되겠다고 생각한 것은 아주 어릴 적부터였다. 특별한 계기가 무엇인지는 전혀 기억나지 않는다. 어릴 때부터 뭔가를 만드는 데에 큰 흥미를 가지기는 했지만 과학 자체에 대한 개념은 전혀 없었다고 하는 편이 정확할 듯하다. 그때 내가 생각하고 있던 과학자는 말하자면 초강력 대형 로봇을 만드는 박사님이었다.

중학교에 다닐 때는 친구들과 함께 사이언스 클럽을 만들었다. 내가 주도한 모임은 아니었다. 1학년 때 교외 수학 경시 대회를 준비하기 위해 모인 친구들끼리 같이 모여서 과학 공부를 해보자는 취지로 만든 일종의 스터디 모임으로 회원은 대여섯 명 되었다. 주된 활동 내용은 과학 관련 책을 읽고 공부하는 것으로 우리가 즐겨 봤던 책은 일본의 저자들이 쓴 문고판 책들이었다.

책 내용들은 지금 생각해도 상당히 아찔하다. 유전 공학이나 상대성 이론, 원자핵물리 등등이 그 내용들이었다. 특수 상대성 이론 하면 늘 나오는 그림 가운데 하나가 움직이는 자동차 안에서 빛이 어떻게 운동하는가를 나타내는 그림이다. 자동차의 바닥에는 광원이 있고 광원의 수직 위쪽 천정에 거울이 있다. 빛은 광원에서 나와 천정의 거울에 부딪힌 뒤 다시 광원으로 돌아온다. 이때 빛이 이동한 거리는 자동차가 정지했을 때와 움직일 때 차이가 난다. 만약 빛의 속도가 모든 좌표계에서 똑같다면 운동하는 자동차에서 빛의 경로가 길어지므로 시간이 느려진다……. 대학에서 특수 상대성 이론을 다시 공부할 때에도 나는 중학교 때 봤던 그 그림이 계속 머릿속에 떠올랐다. 뿐만 아니라 DNA를 구성하는 네 가지 염기(아데닌, 구아닌, 티민, 시토신)의 이름도 사이언스 클럽 때 읽었던 책에서 처음 접했다. 그 넷 중 셋이 모여 하나의 아미노산 코드를 이룬다는 것도 그때 처음 알았다. 나는 무모하게도 기본 원소의 주기율표를 모두 외우기도 했다.

그러나 그때 내가 배운 과학적 내용은 거의 없다고 해도 과언이 아니다. 지금 생각해 보면 상대성 이론의 근본적인 원리는 전혀 이해하지 못했고 유전에 관한 것도 몇몇 용어를 외던 수준에 불과했다. 주기율표를 무작정 왼 것은 암기 교육의 폐해라고 할 만하다. 그 규칙성의 의미는 전혀 몰랐으니 말이다. 게다가 우리의 의욕적인 스터디도 그리 오래가지는 못했다. 아직은 한창 장난치고 노는 것 좋아하던 때라, 그리고 이성에 대한 관심이 폭발적으로 증가하는 사춘기 시절이라 세상에는 우리의 관심을 끌었던 흥미로운 것들로 넘쳐났다. 부산의 온천장 인근에 우뚝 솟은 금정산에 일요일마다 올랐던 것도 그중 하나였다.

그래도 당시의 과학 선생님들은 그런 우리가 기특했던지 과학실 열쇠를 복사해서 우리에게 흔쾌히 넘겨주시기도 했다. 개교한 지 당시로 3년 밖에 되지 않던 학교라 과학실은 비교적 근사하게 갖춰졌다. 그리고 신생 학교로 오신 선생님들은 대학을 졸업한 지 얼마 되지 않은 젊은 분들이셔서 대체로 의욕이 넘쳤다. 특히 생물 선생님과 물상 선생님이 그러했다. 과학 시간의 상당 부분은 과학실에서 진행되었다. 1학년 생물 시간에는 개구리나 심지어 토끼를 해부하기도 했다. (불행히도 우리 반은 참가하지 못했다.) 5~6년 뒤 서울 대학교 물리학과에 진학했을 때 대학 실험실의 수준이 중학교 실험실과 그다지 큰 차이가 나지 않아서 충격에 빠지기도 했을 정도로 중학교 때의 과학실은 잘 운영됐다. 생물 선생님은 가끔 주말이나 휴일 사이언스 클럽을 데리고 범어사 등 부산 인근 계곡을 다니며 생물 채집을 하기도 했다. 그런 경험 자체가 어린 우리들에게 흥미롭기도 했지만 한창 사춘기에 접어든 남학생들에게는 미모의 여선생님과 그렇게 학교 밖에서 하루 종일을 같이 보낼 수 있는 기회란 말로 표현할 수 없는 기쁨이었다.

그러나 당시 과학은 그저 수많은 교과목 가운데 하나일 뿐 특별히 나에게 큰 감동을 준 것 같지는 않다. 사이언스 클럽은 일종의 취미나 사교 활동일 뿐이었고 주된 관심사는 월례 고사 전교 석차가 몇 등인가에 집중되었다. 막연하게 과학이 재미있다거나 나중에 과학자가 되겠다는 생각은 여전했지만 그때 과학 과목이나 사이언스 클럽이 당시의 내게 큰 의미를 가지지는 못했다. 지금 생각해 보면 입시 위주의 교육 정책 때문이었다고 볼 수도 있을 것이다.

안타깝게도 지금도 우리나라의 과학 교육은 여전히 엉터리에 가깝다는 생각을 나는 지울 수가 없다. 근본적으로는 여전히 우리 과학자들이 과학을 아직 몸으로 체화하지 못했기 때문이지 않을까 하는 생각을 해 본다. 다들 짐작하듯이 과학에서는 개념의 정의가 무척 중요하다. 그런데 우리가 쓰는 과학적 개념은 거의 대부분 일본에서 들어온 것이거나 영어를 무작정 들여 온 것들이다. 이것은 단순히 단어 하나 용어 하나의 문제가 아니다. 일본은 일찍이 서양 문물을 들여오며 그것을 자신의 언어로 이해하기 위해 번역에 숱한 노력을 기울였다. 우리는 그런 노력 없이 결과만 그대로 갖다 쓴다. 때문에 원래의 개념 자체를 우리의 언어로 이해하려는 노력은 상대적으로 적었다. 지금도 수많은 책들이 한국에서는 전혀 번역되지 않고 있다. 번역은 하나의 예일 뿐이다. 과학적 내용과 의미를 스스로 체화하지 않는다면 우리는 언제까지나 남의 이야기를 흉내 내는 데 그치고 만다.

고등학교에 진학한 뒤에는 본격적으로 입시 압박을 느낄 수 있었다. 얌전히 앉아서 모범생처럼 공부하는 습성은 나와 아주 거리가 멀어 고등학교 때도 과외 활동에 열심이었다. 이번에는 문예부였다. 1학년 1학기 때 학교 문예부에 가입해서 2학년 때는 본의 아니게 문예부장까지 맡게 되었다. 이에 더해 다른 학교 문예부들과 함께 문예부 연합회를 재건하기도 했고 또 독립적인 문학 동아리에서도 활동했다. 요즘 주위 사람들에게 한때 내가 시를 썼다고 하면 열에 아홉은 믿지 않는다.

이때도 과학에 대해 특별한 열정이나 감동을 가지지는 않았다. 그저 내가 이공계를 선택하는 것은 숨을 쉬는 것만큼이나 당연하게 생각했다. 물리학과를 선택할 때는 잠깐 고민이 없지 않았다. 수학과나 천문학과 혹은 전자 공학과나 제어 계측 공학과 등도 한때 고려의 대상이었다. 최종적으로 물리학과를 고른 이유는 물리학이 가장 근본적인 자연의 이치를 따지는 학문이라고 생각했기 때문이다.

그때는 학력 고사 시절이었다. 이공계생은 과학 과목 중에서 두 개를 선택해야 했다. 물리학과에 지원할 생각이었던 나는 물리와 화학을 선택하고 싶었다. 그러나 학교에서는 상위권 반과 하위권 반이 나뉘어질 것을 우려해서 자율적인 선택을 허락하지 않았다. 물리 지구과학, 화학·생물반을 강제로 편성해서 이과반을 양분했다. 불행히도 나는 화학·생물반에 편성되었다. 고3때 물리를 선택하지 못한 피해는 대학교 1학년 때 고스란히 뒤집어썼다.

그런데 고등학교 때 가끔 나는 '숨 쉬는 것만큼이나 자연스러웠던' 과학자로서의 미래에 회의를 품기도 했다. 내가 고등학교에 들어갔던 해인 1987년, 부산은 민주화의 전통이 있는 도시였던 만큼 시위도 격렬했다. 물론 그때 나는 일부 좌익 용공 분자에 포섭된 좌경 대학생들이 불순한 과격 폭력 시위에 가담해서 사회 질서를 어지럽힌다고 생각했다. 그러나 다른 한편으로 왜 많은 사람들이 이념이라는 것에 목을 매는 걸까 하는 의문은 가시지 않았다. 인류 역사를 돌아보더라도 과학이나 아니면 학문적 신념 때문에 사람들이 목숨을 버리는 경우는 별로 없는 것 같았다. 반대로 정치적 이념이나 종교는 오랜 세월을 두고 숱한 사람들이 피를 마다하지 않게 만들었다. 민주화가 무엇이기에 저 많은 대학생들이 목숨을 내걸고 거리에 나선 걸까.

나의 의문은 고3이던 1989년에 더욱 커졌다. 1989년에는 전교조 문제가 전국을 강타했다. 우리 학교에서도 23분이 전교조에 가입하면서 태풍의 눈으로 떠올랐다. 부산 지역에서 가장 많이 가입한 학교 중 하나였다. 사회 시간에 배웠던 민주주의의 문제, 윤리 시간에 배웠던 정의와 의리의 문제가 실전의 문제로 다가왔다.

나는 그때 교과서 속의 공화국이 아닌 현실에서의 대한민국에는 결사의 자유가 없다는 사실에 큰 충격을 받았다. 수학을 좋아했던 나는 세상 사는 이치도 수학과 근본적으로는 다르지 않을 것이라고 생각했다. 사람 사는 세상에서는 수학처럼 모든 것이 딱 맞아떨어지지는 않겠지만 적어도 그 안에는 나름의 법과 규칙이 있고 질서가 있고 사회가 돌아가는 기본적인 작동 원리가 있으리라 믿었다. (내가 사회 과목을 좋아했던 이유는 적어도 사회 교과가 그런 내용을 가르치고 있었기 때문이다.) 그런데 헌법 조항마저도 유명무실한 대한민국은 얼마나 한심한 나라인가?

더구나 선생님들이 말하는 참교육이 딱히 빨갱이로 보이지도 않았을 뿐더러 전교조에 가입한 분들은 하나같이 학생들의 존경을 받던 분들이었다. 학교 재단에서는 언론에서 익히 들었던 실정법 위반을 내세워 세 분을 결국 해직시켰다. 징계라는 말이 나오기 시작했던 그해 여름 방학에 우리는 보충 수업이 끝난 뒤 학교 선배들과 함께 교장실 점거라는 무시무시한 실력 행사에 들어가기도 했다. 그런데 우르르 몰려 들어간 교장실 한가운데 자리를 지키고 있던 교장 선생님은 오히려 담담하게 입을 열었다.

"자네들을 가르쳤던 선생님들이 쫓겨난다는 소식을 듣고 여러분들이 이렇게 들고 일어나는 것을 보니 우리 학교 교육이 제대로 된 것 같구먼. 그러나 실정법 위반 사항은 나도 어쩔 수가 없네."

그리고 그해 가을 세 분이 학교를 떠나실 때 3학년 문과 네 반 학생들은 오후 수업을 거부하고 운동장으로 달려 나갔다. 이과 여덟 반은 조용히 교실을 지켰다. 같이 고등학교에 올라와 문과와 이과로 나뉜 지 겨우 2년밖에 안 되었는데도 그 차이는 너무나 컸다. 문과생들에게는 수업 거부가 당연한 선택이었지만 이과생들에게는 휩쓸리지 말아야 할 풍파와도 같았다. 감독하는 선생님 없는 자습 시간이었지만 평소와 달리 아무도 소란을 피우지 않았다. 어릴 적부터 가슴에 품었던 과학자의 꿈이라는 게 실제로는 얼마나 허망한 꿈인가, 부모와도 같다던 선생님이 쫓겨나는데도 바짓가랑이 한번 붙잡아 보지 못하는구나 싶었다.

대학에서 물리학을 본격적으로 배우면서 나는 이전에 과학이나 물리에 대해 가졌던 생각들이 얼마나 피상적이고 때로는 허구적이었는지 깨달을 수 있었다. 그러나 '참교육 첫 세대'였던 만큼 사회 문제에 관심을 가지는 것은 어쩌면 당연한 일이었는지도 모른다. 운동권을 무척 싫어했던 나는 비교적 늦은 시기인 2학년 때에 본격적으로 학생 운동에 가담했다. 그 당시의 학생 운동에는 새로운 바람이 조금씩 불기 시작했다. 1989년 전국적으로 민중민주(PD) 계열의 열풍이 불면서 서울 대학교에서도 PD계열의 후보가 총학생회장에 당선된다. 그러나 1990년 PD는 분열하는데 그중 한 분파가 부문 계열 운동을 들고 나온다.

부문 계열 운동이란 학생들이 처한 존재 조건에 맞게 다양한 부문에서 만들어지는 운동이다. 그 대표적인 예가 과학 기술자 운동이었다. 그때는 노태우 집권기였고 3당 합당으로 거대 여당이 탄생한 뒤였다. 아직까지도 정권에 대한 대적전선을 명확하게 긋고 반정부 투쟁을 벌이는 것이 학생 운동의 전부로 여겨지던 시절 사회의 다양한 영역에서 내용을 채우고 사회 개혁의 씨앗을 만든다는 생각은 무척 획기적이었다.

그런 고민의 결과로 생긴 것이 자연대 사범대 과학 기술 학회 연합(과기학연)이었다. 과기학연은 미래 과학 기술자로서의 삶이 규정적으로 작용하는 이공계생들이 그 조건 속에서 어떻게 사회 변화와 개혁에 대한 고민을 풀어나갈 것인가에 대한 답을 찾고자 했다. 머지않아 공대에는 《공대저널》이라는 단과 대학 신문이 생기면서 큰 반향을 일으키기도 했다. 2학년 2학기부터 3학년 1학기까지 약 1년간 나는 과기학연에서 활동하며 과학사와 과학 철학을 처음으로 배울 수 있었다. 실제 학생들과 함께 여러 가지 사업을 하면서, 요즘 말로 하자면 과학과 사회가 어떻게 소통할 수 있을지를 체감할 수 있었다. 학생 운동하면 과격 시위만 떠올리던 교수님들도 과학을 내세운 소프트 프로그램에 굉장히 호의적이어서 여러모로 지원을 하기도 했다. 덕분에 4학년 때 학생회에서 활동할 때는 당시 과기부 장관(김시중)을 인터뷰하기도 했다.

그러나 부문 계열 운동을 경험하고 또 다른 한편으로 학생 운동의 핵심 영역에서 활동했던 나는 부문 계열 운동의 한계를 절감했다. 애초에 부문 계열 운동은 학생 운동의 외연을 확장하기 위한 운동인데 이것이 나중에는 운동의 핵심인자들이 운동을 떠나는 합리화로 작동하기 시작했다. 그리고 운동권 주변부의 학생들에게 부문 계열 운동은 여전히 운동권의 사탕발림 정도로 여겨진 것도 사실이다. 당시의 나의 고민은 부문 계열 운동이 아니라 학생 운동 전체의 진로였다.

그때의 나는 이미 학과 공부와는 아주 멀어져 있었다. 과학자로서의 삶보다는 사회 운동가로서의 삶이 훨씬 더 가깝게 느껴졌다. 주변 사람들도 모두 그렇게 생각했다. 그래서 누구도 (나 자신을 포함해서) 내가 물리학으로 박사 학위까지 받으리라고는 상상도 하지 못했다. 학생 운동을 정리하고 대학원에 진학한 것은 다시 물리학을 공부하기 위해서가 아니었다. 학생 운동가로서의 내가 이제 바닥이 모두 드러나 후배들이나 다른 학생들에게 더 이상 할 말이 없음을 숨기기 어려웠다. 말하자면 휴식기를 가지면서 새로운 내공을 쌓을 시간을 갖고 싶었다. 물론 대학원에 진학하는 것도, 또 학과 수업을 따라가는 것도 쉽지는 않았다. 그렇게 물리 공부를 다시 시작한 것이 박사 학위까지 이어졌다.

어렵사리 한 바퀴를 돌아오고 보니 과학에 대한 나의 생각도 사회와 운동을 바라보는 나의 시선도 적잖이 바뀌어 있었다. 무엇보다 한국 과학의 참담한 현실과 암담한 미래를 보면서 한국에서 과학이 어떤 의미를 가지는지 심각하게 고민하게 되었다. 또한 나로서는 적응하기 힘든 학계의 일부 분위기도 현실적인 문제로 다가왔다. 사회 문제에는 암묵적으로 침묵을 강요하는 분위기도 그렇지만 과학 자체와 관련된 일부 풍토도 이해하기 어려웠다. 예를 들어 스스로를 일종의 기능인 정도로만 여긴다든지 기초 학문의 중요성을 기계적인 동어 반복(기초니까 중요하다는 식으로)으로만 인식하고 있다든지, 혹은 심지어 과학은 경험적 실험에 의해서만 구성된다고 믿기도 한다. (과학 철학에서 가장 먼저 가르치는 것 중 하나가 바로 경험주의의 한계이다.)

이공계 출신으로서 학생 운동을 할 때 나는 가끔 경계인이라는 느낌을 가졌다. 한국 사회의 모순을 해결하려는 학생 운동을 하는 데는 아무래도 인문 계열 전공자가 유리한 면이 많았다. 반면 전공 공부에 소홀할 수밖에 없으니 다른 학과 친구들 사이에서는 온전한 이공계생이 아니기도 했다. 부문 계열 운동은 적어도 이 경계인으로서의 내 위치가 더 이상 약점이 아니라 새로운 축복일 수도 있다는 가능성을 보여 주었다. 마찬가지로 지금까지의 내 삶이 어쩌면 과학계와 우리 사회에 생각지도 못한 도움이 될지도 모른다는 희망을 나는 가지고 있다. 그 희망을 계속 이어가기 위해서는 전문가로서의 자질을 아직은 많이 갖춰야 하는 과제가 내게 남아 있다.

희망을 가지고 산다는 것은 좋은 일이다. 적어도 그 과제가 의미 없는 문제풀이에 맹목적으로 매몰될 때보다는 훨씬 더 해볼 만한 가치가 있기 때문이다.

이종필

고등 과학원 물리학부 연구원

2001년 서울 대학교 물리학과에서 입자 물리 이론으로 박사 학위를 받았다. 이후 연세 대학교 물리 및 응용 물리 사업단, 고려 대학교 연구 조교수를 거쳐 현재 고등 과학원 물리학부 연구원으로 재직중이다. 섭동론적/비섭동론적 양자색소동역학 및 유효이론, B입자의 성질, 비입자(unparticle)의 성질 등을 연구하고 있다. 저서로는『신의 입자를 찾아서』,『대통령을 위한 과학 에세이』가 있고『최종 이론의 꿈』을 번역했다.

소리의 과학과 문화

어린 시절 과학은 어떤 꿈이라도 실현시켜 줄 수 있는 도깨비방망이였다. 거의 유일한 오락거리였던 만화 영화는 인간을 해방시켜 줄 미래 과학을 소재로 한 것이 대부분이었고 과학입국(科學立國)이 국가 정책의 기조였다. 과학은 국가와 개인이 모두 '잘 살기' 위한 수단이었고 많은 아이들이 과학자가 되기를 원했다.

그러나 어떤 과학을 하는 어떤 과학자가 되어야 할지에 대해 조언을 해 주는 사람은 많지 않았다. 과학의 길을 가기 위해 필요한 호기심과 탐구욕을 북돋아 줄 체계적 방편도 마땅치 않았다. 우리는 그저 학교와 동네와 들판을 돌아다니며 놀잇감을 찾았다. 땅바닥에 줄을 그어 놓고 이리저리 뛰어다니거나 주위에서 쉽게 구할 수 있는 작대기를 받쳐 놓고 큰 막대기로 쳐내는 자치기가 주요 놀잇거리였다. 놀이의 도구라고는 유리 구슬과 종이로 만든 딱지라

든가 여자아이의 경우 고무줄이 전부였다. 조금 더 짓궂은 아이들은 개구리를 잡아서 그야말로 생체 실험을 하기도 했지만 그건 그냥 잔인한 장난이었지 자연 현상에 대한 체계적 탐구와는 거리가 멀었다.

그나마 우리가 향유할 수 있는 문화는 주로 만화방에 있었다. 거기서 만화를 빌려 보고 당시로서는 무척 드물던 흑백 텔레비전을 시청하면서 프로 레슬링과 만화 영화에 심취했다. 주위 환경이 제대로 정비되어 있지 못했기 때문에 철길이나 공사장 같은 위험한 곳이 놀이터가 되기도 했다. 어떤 아이들은 철로에 대못을 올려 놓고 기차가 지나가고 난 다음 뜨겁고 납작하게 변해 버린 대못을 보여 주며 자랑을 하기도 했고, 철로에 귀를 대고 멀리서 다가오는 기차의 소리를 듣는 위험천만한 장난을 하기도 했다.

다소 위험하기는 했어도 이런 놀이들은 과학적 호기심을 자극하기에는 충분한 것이었다. 나에게는 철길을 통해 전해 오는 기차의 소리가 가장 신기했다. 눈에 보이지도 않을 만큼 멀리서 다가오는 기차의 소리를 들을 수 있다는 사실은 라디오라는 조그만 상자 속에서 들려오는 사람의 목소리만큼이나 신기한 것이었다. 어머니가 일하시는 들판에 심부름을 가면서 등 뒤로 학교의 확성기에서 흘러나오는 소리를 듣기도 했는데 그 소리가 마치 물결치듯 커졌다 작아졌다 했던 기억도 또렷하다.

하지만 나의 부모님은 그런 신기한 현상과 물건을 통해 아들의 과학적 호기심을 자극할 만큼 개명한 분은 아니었던 것 같다. 어떻게 라디오에서 사람의 목소리가 나올 수 있느냐는 질문에 그 속에 아주 작은 사람이 들어 있다고 둘러대셨으니 말이다. 순진한 나는 부모님이 안 계실 때 그 상자를 열어 정말로 사람이 있는지 확인해 보기로 했다. 결과는 물론 아무 성과도 없이 심한 꾸중을 듣는 것이었지만, 소리가 철로와 같이 딱딱한 물질을 통해서만이 아니라 텅 빈 공간을 통해서도 전해질 수 있다는 신기한 사실을 알게 되었다.

당시에 보급되기 시작했던 유선 전화기도 신기하기는 마찬가지였다. 손잡이를 돌려 교환원을 불러서 접속하는 방식이었다. 소리가 잘 들리지도 않아 고함에 가깝게 소리쳐야 겨우 통화를 할 수 있었지만, 동네에 한두 대밖에 없던 전화기는 온 동네 사람들이 함께 사용하는 중요한 통신 수단이었다. 소리는 전깃줄을 통해서도 전달되고 있었다.

학교에서는 종이컵에 실을 연결해 귀와 입에 대고 통화하는 놀이를 하곤 했는데 실이 느슨할 때는 들리지 않던 소리가 실을 팽팽하게 잡아당겼을 때는 그토록 선명하게 들린다는 사실이 무척 신기했다. 소리는 딱딱한 철로를 통해서도, 가느다란 실을 통해서도, 전깃줄을 통해서도, 그리고 아무것도 없는 공간을 통해서도 전달되고 있었다. 물론 이 모든 소리의 현상들은 나중에 배운 과학 이론이 말끔하게 설명해 주었다. 하지만 거의 모든 사람이 휴대 전화를 가지고 다니고 모든 사람이 엄청나게 다양한 소리 기계들에 둘러싸여 살고 있는 지금도 어떻게 소리가 그렇게 전달될 수 있는지 문득문득 경이감이 느껴지곤 한다.

소리를 전달해 주는 물건 중에서도 가장 엄숙한 느낌을 주는 것이 있었는데 그것은 동네 의원의 원장님이 우리 할머니를 왕진 오실 때 가방에서 꺼내시던 청진기였다. 냉정하게 생각하면 소리 장치 중에서도 가장 단순한 도구일 뿐이지만, 그것을 귀에 꽂고 심각한 표정을 짓는 의사 선생님과 할머니의 병환이라는 상황이 결합해서 만들어 내는 의미의 장(場) 속에 위치한 청진기는 충분히 엄숙할 수 있었다. 방사선, 자기 공명, 또는 초음파가 만들어 내는 정확한 신체 영상이 질병 진단의 주요 수단이 된 지금까지도 청진기가 의사의 상징처럼 여겨지는 이유도 여기에 있을 것이다.

의학에서 소리가 중요한 진단의 수단이 된 역사는 그리 길지 않다. 물론 한의학에서는 사진(四診)이라고 해서 보고(望診), 듣거나 냄새를 맡고(聞診), 묻고(問診), 만져 보는(切診) 감각적 수단을 진단의 중요한 수단으로 삼았지만 그 감각들을 분류하고 분석하는 과학적 방법을 발달시키지는 못했다. 듣는 소리의 대상도 대체로 숨소리와 목소리에 한정되어 있었고 몸의 다른 부위에서 나는 소리에 주목하지는 않았다. 한의학은 몸의 특정 부위에서 일어나는 기계적 사건이 아닌 몸 전체와 자연의 관계에 주목하는 체계이므로 어찌 보면 당연한 일이다. 한의학이 듣는다는 숨소리와 목소리도 그것의 물리적 성질이기보다는 환자가 처한 몸 전체의 상황과 관련된 가치와 의미를 담고 있는 인간적 소리에 가깝다.

서양 의학에서도 몸에서 나는 소리에 주목하기 시작한 것은 18세기 이후의 일이다. 몸을 두드려서 거기서 나는 소리로 몸 상태를 진단하는 타진법(打診法)을 발명한 사람은 식당과 여관을 경영하는 부모를 둔 레오폴드 아우엔부르거(1722~1809년)로 알려져 있다. 그는 지하실에 저장된 포도주 통들을 두드려 보고 안의 상태를 예측하던 경험에서 몸을 두드려 볼 생각을 하게 되었다고 한다. 유리컵에 담긴 물의 양에 따라 그것을 두드렸을 때 나는 소리가 다르다는 평범한 사실로부터 유리컵을 악기로 개발한 사람들과 비슷한 추론을 한 셈이다.

하지만 의학사에 나오는 거의 모든 발견들이 그렇듯이 당시의 의사들은 이 새로운 진단법의 중요성을 알지 못했다. 이 진단법이 널리 퍼지게 된 것은 나폴레옹의 주치의였던 코르비자르가 자신의 임상에 이 방법을 적극 활용한다는 소문이 나기 시작한 반세기 이후의 일이었다. 사람의 몸을 포도주 통처럼 두드려서 정보를 얻을 수 있다는 생각이 당시로서는 무척 낯선 것이었고 사람의 몸은 단순한 소리통 이상이라고 믿었기 때문이었을 것이다. 타진법이 정착되는 시기는 대체로 사람의 몸에 부여되었던 종교적 또는 신비적 요소가 점차 빛을 잃어 가는 때와 일치한다.

몸은 두드렸을 때도 소리를 내지만 호흡과 순환 등 여러 기능을 하면서 스스로 소리를 내기도 한다. 이 중 신체의 기능과 관련된 정보를 주는 소리로는 심장의 박동, 기관과 허파를 통해 공기가 드나들면서 내는 소리, 위장이 운동을 하면서 내는 소리 등이 있다. 이 중에서도 심장에서 나는 소리는 심장병 진단에서 무척 중요한 역할을 한다. 청진은 심전도나 초음파 같은 첨단 장비가 보급되기 전에는 심장병 진단의 거의 유일한 수단일 정도였다.

그러나 몸에서 나는 소리를 듣고 질병을 진단할 수 있기 위해서는 먼저 신체 기관의 구조와 기능에 대한 지식이 있어야 했고 소리를 모아서 들을 수 있는 도구도 필요했다. 한의학에서처럼 몸을 기(氣)가 드나드는 통로로 생각하거나 근대 이전의 서양 의학에서처럼 네 가지 체액이 담긴 용기로 보았다면 몸에서 나는 다양한 소리를 들어야 한다고 생각하지는 않았을 것이다. 따라서 몸에서 나는 소리로 질병을 진단하는 청진은 해부학과 생리학의 발달 없이는 나올 수 없는 진단법이다. 이제 목소리나 숨소리처럼 삶의 맥락과 의미를 포함한 소리가 아닌 몸의 기관이 필요한 기능을 수행하면서 내는 단순한 기계적 소리가 진단의 대상이 된다. 그렇게 정해진 구조 하에서 정해진 기능을 수행하는 기계적 몸이 청진과 과학적 의학의 전제 조건이다. 지금 거의 모든 의사들이 목에 걸거나 흰 가운의 주머니에 넣고 다니는 청진기는 진단의 실제적 도구이기도 하지만 '과학적' 의학의 상징이기도 하다.

청진기에 대해서는 다음과 같은 이야기가 전해 온다. 프랑스의 의사였던 르네 라에네크(1781~1826년)는 1816년 몸이 비대한 환자를 진찰하던 중 아이들이 가지고 놀던 막대 전화기를 떠올리고는 종이를 둥글게 말아서 환자의 가슴에 대고 소리를 들었다고 한다. 이후 이 최초의 종이 청진기는 나무로 만들어진 원통형으로 개량되었고 지금처럼 두 귀에 대고 듣는 형태로 발전했다. 라에네크는 최초의 청진 이후 3년 동안 환자를 청진해 여러 가지 소리를 기록하고 환자가 죽은 후의 부검 소견과 대조하여 이러한 소리가 어떠한 병에서 나오는가를 알아내 그 결과를 『간접 청진법에 대하여』라는 책으로 발표했다.

청진은 과학적 의학의 상징이었지만 사람이 아닌 복잡한 기계 장치에 둘러싸인 지금의 병원 환경에서는 그나마 의사가 환자의 몸과 직접 접촉할 수 있는 인간적 방편이기도 하다. 청진을 하는 과정에서 환자와 대화가 이루어지고 몸과 몸의 접촉을 통해 어느 정도의 교감이 이루어질 수도 있기 때문이다. 차가운 과학의 상징이었던 청진이 이제는 오히려 따뜻한 인간적 의학의 상징처럼 여겨지게 된 것이다. 추운 겨울에 환자를 진찰하면서 차가운 금속성 청진기를 자신의 체온으로 잠시 덥혀 환자의 몸에 대는 의사를 만난다면, 그리고 진정으로 환자를 걱정하는 냉철하지만 따뜻한 눈길과 마주친다면 환자의 병은 훨씬 쉽게 치유될 수 있을 것이다. 그래서 나는 청진기가 과학과 인간의 만남을 상징하는 귀중한 도구로 남기를 희망한다.

19세기 중반 이후로는 소리를 저장하는 방법에 대한 많은 연구가 이루어졌고 축음기, 녹음기, 확성기, MP3와 같은 디지털 기록 장치의 발전으로 이어졌다. 소리를 저장할 뿐 아니라 사람에게는 들리지 않는 소리의 파동을 이용해 몸 내부를 관찰하는 초음파 영상과 역시 초음파를 이용해 결석을 제거하는 체외충격파쇄석기가 개발되어 질병의 진단과 치료에 유용하게 쓰이고 있다.

이제 소리는 단순한 경험과 정보의 수준을 넘어 적극적으로 우리의 생활을 바꾸는 수단이 되고 있다. 소리를 저장하거나 변형시키는 기술의 발전은 엄청나게 다양한 음악의 장르를 탄생시켰고 우리는 각자의 취향에 따라 다양한 소리를 소비한다. 지하철을 탄 사람들 중 절반은 이어폰을 꽂고 있다. 이제는 눈으로 읽는 책보다 목소리로 읽어 주는 책을 선호하는 사람들도 많아지고 있다. 새로운 소리의 문화가 탄생한 것이다.

이렇게 다양한 문화를 만든 것은 소리를 이용해 몸과 자연의 사태를 파악하고 소리의 성질을 분석하고 변형시켜 새로운 소리를 만들어 내고 응용한 과학의 힘이었다. 하지만 그렇게 만들어진 소리를 수동적으로 소비만 하기보다는 그 속에 녹아 있을 삶의 맥락과 패턴을 찾아내어 향유하려는 인문학적 노력 또한 절실히 필요한 시점이 아닌가 생각한다.

과학은 변형된 심장 판막이 만들어 내는 소리는 정확히 판별해낼 수 있지만 아직 한의학이 듣고자 했던 삶의 맥락과 패턴이 살아 있는 숨소리와 목소리를 듣지는 못한다. 과학적 분석의 대상이 아니라고 해서 무조건 허망한 것이라 치부하기보다는 그 속에 담겨 있을 삶의 숨소리를 듣는 심미안을 개발할 필요 또한 있지 않을까 싶다. 소리는 과학으로 분석하고 변형시킬 수 있는 물리적 대상이지만 동시에 다양한 상상력을 불러일으켜 삶을 더욱 풍요롭게 하는 신선한 자극제이기도 하다.

과학은 건전한 회의주의와 자유로운 상상력의 산물이다. 면역학자이자 내과 의사, 철학자인 알프레드 토버는 과학을 "사실과 가치의 관계가 진화하는 양상"이라고 했다. 우리가 생산하고 소비하는 소리에도 사실과 가치가 함께 담겨 있다. 그 둘이 함께 진화하는 건전한 소리 문화를 만드는 것이 우리 시대 과학의 사명이다. 각종 첨단 기기가 지배하는 의료의 현장에서 지극히 단순해 보이는 청진기가 아직도 사라지지 않는 이유도, 소리 속에 담긴 과학적 사실과 진찰 과정 중에 전해지는 다양한 삶의 패턴과 맥락이 조화를 이룰 수 있도록 해 주기 때문일 것이다.

강신익
인제 대학교 의과 대학 교수

1982년 서울 대학교 치과 대학을 졸업하고 15년간 치과 의사로 살았다. 1997년 영국으로 건너가 의학 철학을 공부하고 돌아와 인제 대학교 의과 대학에 인문 의학 교실을 개설하고 역사, 철학, 윤리를 가르친다. 2007년에는 인문 의학 연구소를 설립하고 학술 진흥 재단의 지원을 받아 인간의 가치와 사회 문화적 맥락이 살아 있는 의학, 과학과 인문학이 소통하는 의학을 위한 연구를 하고 있으며 '인문 의학' 시리즈를 발간하여 그 성과를 대중과 나누고 있다. 『몸의 역사 몸의 문화』 등을 썼고 『고통받는 환자와 인간에게서 멀어진 의사를 위하여』 등을 번역했다. 한국생명윤리학회와 대한의사학회 부회장, 한국의철학회 회장을 맡고 있다.

2

과학은 이야기다

과학 기술, 문학, 예술의 만남

오랜 역사를 통해 과학과 문학, 예술은 인간의 문명과 함께 성장했다. 문자의 발견은 과학의 시작과 밀접한 연관을 맺고 있으며, 공예, 도자기, 금은 세공품, 유리 제조의 발전에서 보듯이 고대 문명의 발생 과정에서도 예술은 기술과 밀접한 관련을 맺으면서 발전했다. 과학과 예술은 모두 새로운 창조의 과정이라는 측면에서 공통점이 있으며, 장인적 노력이 수반된다는 면에서 기술과 예술은 동일한 기원을 지녔다.

과학과 예술의 통합

피타고라스 이래로 수학과 음악은 같은 차원에서 논의되었다. 태양계 내의 행성의 운동을 정다면체의 내접, 외접하는 형태로 이해한 케플러의 생각에서 볼 수 있듯이 수학과 음악의 연결은 일종의 우주적 관계로 여겨졌다. 기하학에서 단순성과 대칭성이 중요한 역할을 하듯이 고대의 예술가들도 자연의 기하학에서 조화와 아름다움을 추구했다.

르네상스 시대에도 인문주의자들과 장인, 예술가들이 서로 긴밀히 교류하면서 과학 기술과 예술의 통합적인 세계를 구축했다. 르네상스 시대의 위대한 건축가 브루넬레스키는 유클리드 원근법을 활용했으며, 금 세공 기술, 조각, 축성, 수리 공사, 기구 제작 등 과학 기술과 예술 분야 모두에서 탁월한 능력을 발휘했다. 르네상스 인간형은 예술가, 발명가, 기술자, 해부학자의 역할을 수행했던 레오나르도 다빈치에게서 그 모습을 찾아볼 수 있다. 「모나리자」와 같은 불후의 명작을 남긴 그는 낙하산, 대기압 화학 엔진, 방적 기계, 선반, 천공기, 풍력 방아, 비행기를 고안한 예술가이기도 했다.

과학과 문학, 그 대립의 시작

과학과 예술이 항상 친화적인 모습만 보였던 것은 아니었다. 뉴턴이 완성한 근대 과학이 계몽사조에 영향을 미치고 그에 따라 과학에 대한 믿음이 커지면서 문학 분야에서 지나친 과학주의를 경계하는 움직임이 나타났다. 조나단 스위프트의 풍자 소설 『걸리버 여행기』는 당시 뉴턴이 주도한 왕립 학회 과학자들의 행동을 신랄하게 비판하고 있다. 또한 노발리스를 위시한 독일의 낭만주의 문학자들은 물질적, 분석적인 과학 기술을 비판하고 자연 친화적인 새로운 세계관을 자신의 문학 세계에서 구현하려고 노력했다.

우리는 독일의 대 문호 괴테에게서 과학과 문학 사이에서 방황했던 처절한 인생을 느낄 수 있다. 괴테는 바이마르 시절에 광산 전문가로 활동하면서 자연의 숨은 비밀을 찾기 위해 과학에 몰두했다. 식물의 모든 부분은 원형 잎이 변형되어 생겼다는 그의 식물 변태론과 뉴턴의 색 이론을 주관과 객관의 통합에 의해 극복하려고 했던 그의 색채 이론은 이런 노력의 산물이었다. 지식과 권력을 위해 악마 메피스토펠레스에게 자신의 영혼을 판 독일의 마술사이자 점성술사인 파우스트 이야기를 소재로 괴테가 평생에 걸쳐 완성한 『파우스트』(제1부 1808년, 제2부 1832년)에는 과학과 문학 사이의 팽팽한 긴장과 통합의 노력이 담겨 있다. 이 작품에는 그리스 로마 문화의 재현, 두 얼굴의 과학 기술, 탐구와 구원의 문제 등 서구 문명에 잠재된 다양한 갈등 요소들이 혼재되어 나타나고 있다.

도해서를 통해본 객관성의 역사

도해서(atlas)는 회화라는 예술 작품의 한 장르로도 볼 수 있고, 또한 자연에 대한 과학적인 연구 결과물로서도 볼 수 있는 이중성을 지니고 있다. 도해서의 객관성을 둘러싼 논쟁 역시 과학과 예술 사이의 긴장 관계를 살펴볼 수 있는 좋은 도구가 된다. 대스턴과 갤리슨의 최근 연구는 18세기에서 20세기를 거치는 동안 과학 관련 도감을 바라보는 태도에 많은 변화가 있었음을 보여 주고 있다. 그들에 따르면 18세기에 만들어진 자연 분야의 도해서에서 가장 중요하게 여겨진 것은 자연에 숨겨진 원형(archetype)을 밝히는 것이었다. 즉 자연을 평범한 모습만이 아니라 개별적인 현상이 최소한 개념적으로 유도될 수 있는 기본이 되는 유형을 밝히는 것이 중요하며, 바로 이런 작업에는 천재적인 안목이 필요했다. 이런 원형은 경험을 초월하는 것은 아니었으며, 괴테 역시 이들 원형이 관찰에서 유도되고 관찰에 의해 검증된다고 보았다. 자연의 본래 모습(truth-to-nature)을 밝히려는 이런 인식 방식은 해부학, 식물학, 광물학, 동물학 분야에서 수많은 노력과 심사숙고 끝에 이미지를 형성시키는 것으로 18세기부터 19세기 초에 이르기까지 자연에 대한 인식 태도의 주류를 이루었다.

객관성의 이념은 19세기를 거치면서 작가의 주관이 철저하게 배제된 기계적 재현을 의미하는 형태로 변형되었다. 기계적 객관성 (mechanical objectivity)의 관점은 곧 과학적 표현의 이상으로 간주되었고 20세기 중반에 이르기까지 과학을 인문학 혹은 사회 과학과 구별시키게 만든 주요 요인으로 작용했다. 이제 과학은 주관적 가치 판단이 전혀 개입될 수 없는 형태의 학문이 되어 갔다. 자연을 기계적으로 재현하는 것은 예술이 될 수 없었고, 따라서 사진이 처음 등장했을 때 예술가들은 사진에 색을 다시 칠해 자신이 작품이 예술임을 나타내야 했다. 이런 기계적 객관성이 윤리화되며 과학과 예술의 대비는 더욱 심화되었다.

20세기 중반 이후에 도판에 대한 판단이 중시되면서 기계적 객관성의 이념을 무너지기 시작했다. 사진을 다루는 많은 과학적 분야에서 특히 실험실 내의 구체적인 실천 과정에서 기계적 사진에

대한 해석이 중시되면서 소위 해석적 객관성(interpretative objectivity)
이 부상되게 된 것이다. 거품 상자에서 나타나는 수많은 입자들의
궤적을 분석하고, 컴퓨터와 자기 공명 장치를 이용한 뇌자도, 주사
터널 현미경과 같은 다양한 원자 현미경이 보여 주는 나노 단위의
분자 구조 등을 올바르게 이해하기 위해서는 현상에 대한 기계적
인 재현만으로는 불충분함이 인식되었고, 이에 따라 숙달된 과학
자들의 판단이 중요한 요소로 부상되게 되었다.

과학 기술과 예술 사이에 존재하는 간극의 역사적 근원

피터 갤리슨은 현대 사회에서 나타나는 과학 기술과 문학/예술
분야 사이의 엄격한 구분은 19세기와 20세기 초의 역사적 상황과
밀접하게 연관되어 있다고 주장하고 있다. 19세기 초 과학자들과
예술가들은 서로 상대방의 영역을 거의 극단적인 형태로 대비시켰
다. 즉 인문학과 예술 분야는 창의적이고 인간의 주관이 개입하는
사고 영역에 속했으며, 과학적 에토스는 그런 충동을 엄격하게 억
제할 필요가 있었다. 또한 과학적 방법은 철저하게 기술, 공업 발전,
계급 유동성과 관련지어졌고, 제도화된 인문학과 예술은 전통의
보전, 사회 질서, 소박한 가치의 보존과 연결되었다.

당시 전위적인 모더니스트들은 제도권 예술과 기성 문학에 맞서
엑스 선, 상대론, 라디오, 비행기로 대변되는 선진 과학 기술 사고
방식을 지향함으로써 기존 학계에 반기를 들었다. 이 두 영역 사이
에서 인식된 차이점은 새롭게 부상한 강력한 '과학'이라는 영역을

통해 '인문학과 예술'이라는 문화적 범주를 동요하게 만드는 데에 활용되었다.

갤리슨은 1959년 C. P. 스노가 행한 '두 문화'에 관한 연설은 문학과 과학 사이에서 누적되었던 오랜 양극적인 관계를 극명하게 보여 주었다고 말하고 있다. 스노에게 있어 두 문화들은 서로 분명히 상이하며, 불균등한 것이다. 즉 과학적 에토스는 전도유망하고 진보적이며 미래 지향적인 반면에, 문학적 전통은 쇠락해 가는 엘리트 집단의 편협한 문화를 나타낸다. 스노의 견해에 대한 구체적인 수용 여부와 상관없이 그가 사용한 두 문화라는 용어가 널리 회자되었다는 것만으로 당시에 문학과 과학 사이에 존재하는 커다란 간격에 대해 많은 사람들이 인식하고 있었다는 것은 분명하다.

과학과 문학/예술 사이의 경계 허물기

갤리슨은 1960년대에 이르러 이런 대립적인 구분에 맞서 문학/예술과 과학 사이의 차이점을 인정하면서도 그 유사성을 탐구하려는 새로운 작업들이 등장했다고 평가하고 있다. 예를 들어 역사학자이자 과학 철학자인 토머스 쿤은 그의 『과학혁명의 구조』와 일련의 논문을 통해 과학적 생산물을 조심스럽게 '사회학적'인 방식으로 취급해, 과학과 인문학, 사회 과학 모두를 인간 행동의 산물로 만들었다. 하지만 예술가에게 그림과 미학적 기준 자체가 목적이었던 반면에, 쿤에게 있어 그것은 목적을 위한 단순한 수단이었다. 즉 쿤의 논의 속에는 수동적인 자연을 기록하는 능동적 주체자로서의 예술가와 자연의 변화를 수동적으로 기록하는 과학자라는 양분론이 여전히 지배하고 있었다고 갤리슨은 평가하고 있다.

한편 20세기 후반에 이르러 예술과 과학에 대한 구분에 관한 두려움은 완화되면서 이들 둘을 연결하려는 다양한 시도가 나타났다. 린다 핸더슨은 비유클리드 기하학에 관한 예술가들의 창조적인 오독과 재작업에 관한 결정적인 연대기를 저술해, 르네상스에서 19세기에 이르기까지 유럽에서 시각 예술과 과학에 대한 관심 사이의 깊은 연관성을 보여 주었다. 또한 마틴 켐프는 브루넬레스키에서 소쉬르에 이르기까지 예술가의 광학에 대한 연구를 도표로 보여 주었다. 예술적 실천과 과학적 실천을 연결시키려는 작업은 최근 영상학(images studies)이라는 예술사의 새로운 학문 활동에서 잘 드러나고 있다. 엘킨스와 스태퍼드와 같은 미술사가들은 파인만 그래프, 민크프스키 시공 다이어그램, 전자 현미경의 이미지, 컴퓨터의 디지털 영상, 그 외 미디어 사이의 영상 변환 관련 장치를 조사하면서 과학학 학자들의 작업을 결합시켰다.

과학, 기술, 예술 사이의 새로운 통합

최근에 와서는 엔지니어링 분야에서도 분석적인 능력뿐만이 아니라 시각적이고 비언어적인 사고의 중요성이 크게 부상하고 있다. 예를 들어 디자인은 단순히 상품화나 판매 촉진을 위한 수단만이 아니며 기술을 구성하는 핵심적인 본질적 요소가 되고 있다. 이에 따라 다양한 분야들 사이의 상호 교류와 비언어적 사고가 중시되었고, 과학, 기술, 예술은 새로운 통합의 시대를 맞이하게 되었다.

첨단 기술은 예술에게 새로운 소재를 제공하면서 컴퓨터 음악, 비디오 아트 등 새로운 테크놀로지 예술을 출현시켰다. 하지만 기술은 예술에게 있어 하나의 창조적 도전의 대상일 뿐으로 단순히 기술을 활용하는 것만으로는 예술이 되지 않는다. 예술은 과학과 같이 우리의 삶의 세계에 새로운 창조적인 제안을 하는 것이다. 첨단 기술을 많이 이용해 예술 작업을 했던 백남준은 "나는 기술을 증오하기 위해 기술을 사용한다."라고 말했다.

코스텔과 시스몬도는 현대 예술가들과 과학자들은 보이지 않는 실체를 표현하려고 헌신적으로 노력하는 가운데, 서로 유사한 길을 밟아왔다고 말한다. 좋은 모형, 이론 또는 그림이라면 그것은 대상을 좀 더 흥미롭고, 정밀하며, 가능하면 보편적으로 묘사해 주는 구조적 특징을 지니고 있어야 한다는 것이다. 세잔, 뒤샹, 몬드리안 등의 예술가들은 원자에는 관심이 없었다. 그러나 러더퍼드, 보어, 하이젠베르크와 같은 물리학자들처럼 이들 예술가들은 보이지 않는 대상들을 그려 내는 데 관심을 두었다. 원자 물리학자들처럼 이 예술가들도 활용 가능한 수단들을 체계적으로 사용하고, 그것을 새로운 방식으로 재구성함으로써 놀라운 성과를 거두었다.

물론 예술가들은 자신의 작품 속에서 자신들의 마음과 영혼을 드러내지만, 과학자들은 자신의 전문적인 논문에서 자신의 감정이나 정신 상태를 드러내지는 않는다. 그렇다고 하더라도 과학과 예술은 창조적 활동이라는 면에서 서로에게 공통점이 있다. 예술 작품과 마찬가지로 과학적 발견은 새로운 창조의 과정이며, 이 두 분야 모두에서 창의적인 생각이 중요하다. 현대 사회가 새로운 통합적인 지식을 필요로 하는 한, 과학, 기술, 인문학, 예술 사이의 새로운 관계 설정 및 접합, 그리고 다양한 만남이 이루어질 것이다.

임경순

포항 공과 대학교 교수

서울 대학교 물리학과를 졸업하고 독일 함부르크 대학에서 과학사 박사 학위를 받았다. 한국 브리태니커 과학 담당 책임 연구원과 미국 캘리포니아 대학교(버클리) 박사후 연구원을 거쳐 포항 공과 대학교 인문 사회학부 교수(물리학과 겸임 교수)로 있다. 국가 과학 기술 자문 회의 전문 위원, 대통령 자문 정책 기획 위원, 국가 인적 자원 위원, 포항 생명의 숲 가꾸기 국민 운동 본부 공동 대표를 지내고 과학 기술부 지정 포항 공대 과학 문화 연구 센터장, 한국 산업 클러스터 학회 부회장, 한국 과학 창의 재단 미래 융합 문화 사업단장 등을 맡고 있다. 한국과학사학회 논문상 (1995년), 한국과학기술도서상(1997년)을 수상했으며 저서로는 『20세기 과학의 쟁점』, 『100년만에 다시 찾는 아인슈타인』, 『과학사 신론』(김영식 공저), 『21세기 과학의 쟁점』, 『현대물리학의 선구자』 등이 있다.

생체 분자 간의 대화 신호 전달

서론

우리는 지금 놀라운 변혁의 시대에 살고 있다. 불과 100년 전까지만 해도 말이나 마차가 주요 교통 수단이었고, 생활 환경도 이웃마을이나 기껏해야 이웃 나라 정도였다. 그러나 지금은 화성을 지나 토성까지 탐사선을 발사하고 있고, 끝없는 우주로의 탐험을 계속하고 있다. 우리나라 또한 최초의 우주인을 배출하는 등 우주 전쟁 대열에 동참하고 있다.

이와 동시에 인류는 소우주를 향한, 다시 말해서 작은 우주인 인간의 신비를 파악하기 위한 엄청난 노력을 기울이고 있다. 그중의 하나가 인간의 몸에 대한 생명 과학 연구이다. 대우주 탐험이 탐험, 도전 등 인간의 꿈에 대한 욕망을 충족시켜 준다면, 소우주인 인간에 대한 연구는 건강, 복지 등 인간의 수명 연장에 대한 여망을 만족시켜 줄 수 있을 것이다. 생명 과학은 생명 현상이나 생물의 여러 가지 기능을 밝히고 그 성과를 의료나 환경 보전 등 인류 복지에 응용하는 종합 과학이다. 최근 생명 과학의 발달은 우리가 상상할 수도 없었던 획기적인 성과를 얻는 것을 가능하게 했다. 그 발전 속도도 놀라울 정도로 빠르며, 응용 분야가 넓어 미래 사회에 커다란 영향을 미치게 될 것이 확실하다. 하나의 예로 생명 과학 기술을 바이오 산업에 응용함으로써 불치병으로 여겨져 오던 많은 질병에 대한 치료에 새로운 장이 열리고 있다.

이처럼 생명 과학의 놀라운 발전은 획기적인 연구 기법의 발전이 있었기에 가능했다. 새로운 연구 방법을 통한 접근은 생명 현상에 대한 새로운 이해의 눈을 제공했으며 그중 하나가 신호 전달 연구 분야이다. 이것은 복잡한 생명 현상을 세포라는 마이크로화된 광장에서 이해할 수 있게 했다. 여기서 관찰된 세포 내 일련의 신호 전달 기작은 다시 거대한 생체 내의 복잡한 생명 현상을 이해하는 유용한 도구가 되는 것이다. 다시 말해 '신호 전달'은 생명 현상의 축소판인 세포 내의 작용 기전을 이해하기 위한 핵심 분야로서 이에 대한 역사, 연구 동향, 미래 전망 등을 살펴보는 것이 생명 공학의 미래를 내다볼 수 있는 투시경이라 할 수 있다.

1. 생명 과학 발전은 패러다임 전환의 역사이다

과학의 역사를 돌이켜보면, 18세기 물리학의 발전에 의해 산업 혁명이 야기되었고, 19세기 화학 발전에 의해 근대적 화공 산업이 발달했다. 그리고 20세기 중반 분자 생물학의 발달로 인해 지금 바이오 산업으로의 대발전이 진행되고 있다고 할 수 있다. 생명 과학은 미국 등 선진국에서 대두하기 시작해 1960년대에 이르러 적극적으로 사용되기 시작했다. 세포의 증식, 운동, 분화 등의 여러 가지 생물학적 현상을 그것에 관여하는 생체 고분자의 구조, 성질, 상호 작용 등으로 설명하는 분자 생물학의 도입으로 오늘날 신비하다는 생명 현상도 과학으로 표현할 수 있게 되었다.

생명에 대한 과학적 이해는 1953년 왓슨과 크릭이 발견한 DNA 구조에서 시작되었다. 이것은 생명의 본체를 실제로 사람의 눈으로 본 역사적 전기가 된 사건으로 생화학, 유전학의 발전과 분자 생물학의 태동에 시초가 되었다. DNA 구조의 발견 이후 생명 과학은 방대한 발전의 역사를 써 가고 있다. 과학 발전 방식에 대한 쿤의 표현을 빌리자면 생명 과학 역사는 패러다임(사유방식) 전환의 역사라고 할 수 있다. 흑사병, 결핵, 암 등 인류의 생존을 위협하는 끊임없는 공격에 인류는 바이러스의 발견, 아스피린 발명, 항암 유전자 발견 등 과학사의 한 획을 긋는 여러 번의 기념비적 업적으로 대응해 오늘날에 이르고 있는 것이다. 최근에는 AIDS, 자가 면역 질환 등이 건강한 인류를 위협하고 있다. 이러한 새로운 위협에 대항하는 인류는 다시 패러다임을 바꾼 새로운 응전이 필요하며, 이것들은 생명 과학 연구 분야에 큰 과제로 다가오고 있다. 이러한 관점에서 현재는 연구 환경의 집적화, 마이크로칩화를 통해 세포 내에서 생명 현상을 이해하는 신호 전달 연구의 중요성이 새롭게 대두되는 시점이다.

2. 신호 전달 연구의 정의

신호 전달은 한마디로 세포 간 혹은 세포 내 분자들 간의 소통 언어이다. 호르몬, 성장 인자, 스트레스, 사이토카인 등과 같은 많은 세포 외 자극들을 인지하고 세포 내로 전달 및 전파되는 일련의 과정을 신호 전달(signal transduction)이라고 한다. 분자/세포 네트워크를 따라서 형성되는 신호 전달은 소통(communication)과 기능 조절(functional regulation)의 중심 메커니즘이다. 세포 외부의 특이적인 신호나 변화를 세포막 수용체가 인지해 세포 내 단백질들의 체계적이고 역동적인 변화를 일으켜, 신경 전달 물질의 분비, 유전자 발현, 세포 분열 등 여러 생체 반응을 일으킨다. 이들 분자 간의 상호 연결과 역동적인 변화들이 조합되어 소화계, 호흡계, 면역계, 신경계 등 특정 조직 체계를 구성하며, 신호 전달 네트워크를 통한 소통의 이상은 암, 당뇨, 및 뇌 질환 등을 비롯한 각종 난치성 질병의 원인으로 나타난다.

3. 세포는 생명 과학 연구의 세계적 각축장이다

인간은 수십 조의 세포로 이루어진 다세포 생명체(multicellular organism)이다. 개념적으로는 세포 내 분자들 간의 상호 신호 전달 기전은 다세포 생명체에서 일어나는 생명 현상과 분리될 수 없고, 오히려 생명 현상의 미니 모형(miniature) 모델이 될 수 있다. 따라서 세포에서 일어나는 기전을 이해하는 것이 복잡한 생명 현상을 이해하는 첫걸음이 되는 것이다. 실제로 세포의 신호 전달 체계에 이상이 생기면 암을 비롯한 다양한 질환이 발생한다.

현재 의료 분야 바이오 산업은 실로 그 부가가치가 엄청나 개개 기업의 미래는 물론 한 국가의 미래까지 좌우할 정도이다. 따라서 세계 유수의 선진국들은 이러한 국가 생존 차원에서 경쟁적으로 생명 과학 연구를 독려하고 있으며, 특히 그 기반이 되는 세포 수준에서의 연구를 국가의 명운을 걸고 적극적으로 장려하고 있다. 2003년 기준 미국 과학 재단(NSF)의 자료에 따르면 미국 연방 정부는 전체 R&D 예산의 절반가량을 생명 과학 분야에 투자하고 있다. 일본에서는 5개 부처에서 약 4400억 엔을 생명 공학 분야에 대해 투자를 하고 있으며 유럽 연합(EU)에서는 129억 유로의 생물 산업 부문 매출이 얻어지고 있다. 이처럼 세포에서 거대한 규모의 생명 과학 전쟁이 벌어지고 있는 것이다.

4. 신호 전달 연구는 세포 이해를 위한 마스터 키이다

그렇다면 세계는 왜 세포 연구에 집중하고 있는 것일까? 이는 바로, 세포는 생물의 기본 단위이기 때문이다. 동물 연구를 통해서는 현상의 직접 관찰과 변화를 알 수 있으니 그 발생 기전을 밝힐 수는 없다. 그러므로 작지만 모든 생물학적 과정이 진행되고 있는 바탕인 세포 연구에 몰두하고 있는 것이다. 세포 내에서 일어나는 수많은 신호 전달 과정은 단 하나의 목표인 세포의 생명 현상 유지를 위해 나아간다. 가장 단순한 생물체인 박테리아도 포도당이나 아미노산이 있는 방향으로 이동하며, 다세포 생물의 경우 주위의 세포들로부터 오는 다양한 신호들을 해석하고, 그에 따라 자신의 대응 방식을 결정하고 반응한다.

세포 신호 전달 과정은 특정 신호 외부 신호를 인지하고 반응하는 수용체 단백질이 신경 전달 물질, 호르몬, 성장 인자와 같은 신호를 받아 세포 내부에서 세포의 반응을 바꿀 수 있는 세포 내 신호로 전환되면서 시작된다. 따라서 외부 신호 전달 물질을 세포 표면의 수용체 단백질이 수용하고, 이를 세포 내에 전달하는 과정에 대한 제어가 신호 전달 연구의 핵심이다. 그러나 아직 세포 신호 전달 체계에 대한 제어 기전은 정확히 밝혀지지 않은 실정이다. 세포 내 신호 전달 제어 기술에 대한 분자 수준의 이해는 매우 중요하며, 생명 과학 현상 이해를 위한 이론적 토대가 될 뿐 아니라 관련 질환에 대한 치료제 개발을 위한 임상적 응용에도 중요한 모티브를 제공할 것이다. 따라서 생명 현상을 이해하는 마스터 키 역할을 하는 세포 신호 전달 연구는 생명 현상의 다양성과 통일성을 동시에 이해하기 위한 필수 불가결한 과정이다.

5. 신호 전달 연구 동향

외국의 경우, 국가별 신호 전달 연구는 미국이 가장 앞서 있다. 미국 내에서도 MIT와 하버드 대학교가 있는 보스턴 지역이나 샌프란시스코 지역, 그리고 스크립(Scripps) 연구소가 있는 샌디에이고 지역에 대표적인 연구 개발 클러스트가 형성되어 있다. 특히 미국의 화이자(Pfizer), 일본의 산쿄(Sankyo), 독일의 놀(Knoll) 등의 제약 회사들은 세포의 신호 전달 연구를 바탕으로 신약 개발 연구를 주도하고 있다. 특히 미국은 대표적 연구 기관인 국립 보건원(NIH)의 연간 예산이 280억 달러에 이르며, 각종 질환에 대한 진단과 치료에 대한 지침을 제정하는 등 과학적 근거 하에 효율적인 연구 전략을 수립하기 위해 국가 차원의 노력을 기울이고 있다. 신호 전달 분야 등 세포 수준의 연구에도 막대한 연구비를 사용 중이다. 신호 전달에 대한 기초 연구는 스탠퍼드 대학의 토비어스 마이어 그룹이 선두 주자로서 세계적 신호 전달 연구의 허브 구실을 하고 있다.

신호 전달 연구를 통한 신약 개발 등에 연구가 집중된 외국과는 달리 우리나라의 신호 전달 연구는 주로 다양한 질병의 치료제 개발을 위한 표적 단백질을 발굴하고 이를 조절할 수 있는 신약 후보 물질의 개발 연구에 집중되어 있다. 차세대 바이오 신약 개발 등 BT 산업의 세계적 패러다임은 학제 간 체계적인 연구로 선진국에서는 이미 신약 개발을 위한 플랫폼이 형성되어 있지만, 우리나라에서는 관련 기반 연구가 취약해 여건 조성이 어려운 게 현실이다. 독일, 스위스 등 유럽의 BT산업은 오랜 연구 역사, 우수한 연구 집단을 인력을 보유하고 있으며, 미국은 막대한 자본을 앞세워 경쟁하고 있다. 따라서 우리나라는 우수한 연구 인재와 더불어 미래 지향적 융합 과학 기술 분야에서 지식과 경쟁력 있는 기술을 창출하고 이에 걸맞은 전문 인력을 양성해 승부를 걸어야 할 것이다. 또한 효율적인 연구를 위해 전략적 연구 분야에 대해 과감하고도 집중적인 지원과 활성화가 절실한 시점이다.

6. 신호 전달 연구 업적, 노벨상

1994년 미국의 생화학자인 알프레드 G. 길먼과 마틴 로드벨은 세포의 신호 전달 물질인 G-단백질을 발견해 노벨 생리·의학상을 공동 수상했다. 이들은 G-단백질을 발견하고 이 단백질이 세포 내에서 신호 변환의 역할을 한다는 것을 발견했다. 세포들이 호르몬과 신경, 내분비선 등에서 분비된 다른 신호 물질을 이용해서 서로 연관된다는 것은 잘 알려진 사실이나, 이들에 의해 비로소 세포가 외부로부터 온 이 정보들을 어떻게 관련 활동으로 바꾸는지, 즉 신호를 어떻게 세포 내에서 변환시키는지 알려졌고, 신호 전달 과정의 중요성이 전 과학계에 주지되었다.

또한 길먼과 로드벨은 G-단백질이 세포 내에서 신호들을 통합함으로써 세포 내에서의 근본적인 생명 과정을 통제한다는 것을 밝혀, 신호 전달 과정의 이상과 질병 생성과의 관계에 대한 답을 제시하기도 했다. 이들 연구 결과와 계속된 후속 연구 결과, 현재 시판 중인 약물의 50퍼센트, 그리고 개발 중인 신약 후보 물질의 50~60퍼센트가 GPCR(G-protein coupled receptor)을 표적으로 할 정도로 관련 연구 분야에 폭발적 성장을 유도했다. 앞으로 현재 이상의 무한한 응용 가능성과 예측할 수 없는 성장 가능성이 기대되는 이유이기도 하다.

7. 신호 전달 연구의 미래

현재, 생명 현상 조절 기전에 대한 핵심 지식의 부재로 많은 질환에 대한 이해뿐만 아니라 치료제 개발에도 상당한 애로가 있다. 이에 연구 방법 패러다임의 변화가 필요한데, 이는 신호 전달 네트워크 연구 같은 기초적인 기전을 이해하는 접근법이 질환 이해와 바이오(Bio) 신약 개발을 위해 앞으로 요구되는 블루오션(미개척 분야) 연구 주제이기 때문이다. 이와 같은 이유로 신호 전달 연구의 미래는 밝다. 특히 세포 신호 전달 감지 기술 개발은 인간 질병의 상태를 조기에 감지할 가능성을 제시한다. 예를 들어 세포가 외부의 자극에 반응하고 성장, 분화, 사멸하는 과정에는 인산화 신호 전달이 대표적이며 인체 내에는 약 500여 개의 인산화 효소와 100여 개의 탈인산화 효소가 있는 것으로 알려져 있다. 또한 많은 질환들에서 인산화 상태와 병의 상태나 진행 정도와의 상관성이 보고되고 있다. 따라서 질환 관련 인산화 혹은 탈인산화 효소 단백질을 감지할 수 있는 항체가 개발된다면 병의 진행 단계를 초기에 감지해 전격 제어할 수 있는 세포 기반 기술을 활용한 미래 신약 개발의 표적이 될 것이다.

결론

바야흐로 생명 과학의 새로운 시대가 열리고 있다. 이는 생명 현상의 물리·화학적 메커니즘을 밝히고, 생명 현상을 포괄적으로 이해하려는 학문이다. 복잡한 생명 현상은 생체의 기본 구성 요소들인 분자 혹은 단백질 등의 작용 기전이나 조절을 이해하지 않고는 설명할 수 없다. 생명체 전반에서 일어나는 복잡한 체계를 한 번에 이해하는 것은 대단히 어려워서 생명의 작은 기본 단위인 세포를 이해하는 데서 출발해야 한다. 따라서 세포의 작용과 조절 기전을 연구하는 세포 신호 전달 연구야말로 가장 작은 세계의 진리를 밝혀냄으로써 가장 거대한 자연 섭리를 이해하는 첩경이다.

세포 기술이 우리의 미래이다. 이것은 선택의 문제가 아닌 생존의 문제이다. 그러므로 앞으로도 지속적인 세포 연구에의 투자가 이루어져야 하며, 세포 신호 전달 연구를 통해 이 분야의 새로운 도약을 이루어 낼 수 있을 것이다. 우리나라의 현실에 비추어 볼 때, 막대한 연구비와 연구 인력을 동원한 대량 접근보다는 핵심적이고, 원천 지식을 확보할 수 있는 세포 연구 같은 미세 접근으로 연구를 진행해 나가는 것이 최적의 전략이다. 21세기 벽두에 일어나고 있는 생명 과학의 전쟁에서 이기려면 세포를 정복해야 한다.

서판길

울산 과학 기술 대학교 교수

서울 대학교 의과 대학에서 생화학 전공으로 박사 학위를 받고, 미국 국립 보건원 및 듀크 대학교 의과 대학에서 생체 신호 전달 연구를 수행했으며, 1989년에 포항 공과 대학교에 부임해 최근까지 봉직했다. 생체 질환이 신호 전달 이상에서 기인되는 기전을 지속적으로 연구하면서 국제 저명 학술지 많은 논문을 발표하고 있다. 그간의 연구 업적으로 2007년 우수학자(국가석학)로 선정되었으며, 현재 울산 과학 기술 대학교(UNIST) 교수로 재직하고 있다.

신화적 상상력과 과학 기술

1.

프랑스 신화학자 질베르 뒤랑은 근대를 3개의 시기로 구분해 제1기(1860~1920년)는 프로메테우스의 시기로, 제2기(1920~1980년)는 디오니소스의 시기로, 제3기(1980년~)는 헤르메스의 시기로 규정한다. 우리는 뒤랑의 이러한 구분만을 차용해 현대적 특성에 맞는 새로운 해석을 시도해 볼 수 있다. 인간의 삶은 이 세계의 수많은 상황들과 조건들의 영향을 받고 있다. 근대의 산업 혁명은 인간의 삶의 조건을 완전히 뒤흔들어 버렸다. 중세 1000년 동안 흔들리지 않았던 성벽이 순식간에 무너지면서 예전에는 꿈도 꾸지 못했던 새로운 세계가 열리게 되었던 것이다. 왜 근대는 프로메테우스의 시대라고 불리는가? 우리는 '프로메테우스(Prometheus)'라는 이름을 통해 천상의 '불'을 가지고 '문명'을 이룩한 인간의 '이성'을 떠올린다.

불은 '기술'과 '문명' 및 '이성'을 상징한다. 근대의 계몽주의는 신 중심적인 중세 사회로부터 인식을 전환할 것을 요구한다. 인간은 중세의 암흑을 이성의 빛으로 비추어 근대라는 문으로 찾아 들어갈 수 있게 되었다. 이제 인간이 이 세계의 중심이 되었다. 비록 인간이 살아가는 지구는 태양을 중심으로 돌아가지만 인간이 만들어 가는 세계는 인간을 중심으로 돌아간다.

현대는 사이버 스페이스를 무대로 우주를 자유롭게 유영하는 정보화 시대라고 불린다. 천상과 지상과 지하를 경계 없이 넘나드는 '전령'의 신 헤르메스(hermes)의 공간은 마치 사이버 스페이스에서와 같이 우리가 원하는 곳은 어디든 돌아다닐 수 있다. 사이버(cyber) 스페이스(space)란 용어 자체가 '공간'을 '조정'하고 통제할 수 있다는 의미를 담고 있지 않는가? 헤르메스는 천상의 세계로부터 지상의 세계까지, 심지어 지하의 세계까지 종횡무진 넘나드는 존재이다. 그는 올림포스의 신들의 뜻을 인간들에게 전해 주고 인간들의 뜻을 신들에게 전해 준다. 프랑스 학자 미셸 세르는 현대 철학의 과제와 관련해 총체성이라는 새로운 모델을 제시하며 전통적인 공간 개념을 파괴하는 작업을 헤르메스로 표상한다. 헤르메스는 담론의 세계를 '여행'하면서 아무도 주목하지 않았던 사실들을 발견해 이것들을 인식할 수 있는 개념을 발명하고 각 담론들 간의 '교환'을 통해 '소통'의 다리를 놓으려 한다. 그리하여 그는 우리에게 다양한 학문들 간의 소통과 통섭을 위한 헤르메스적인 여행을 제안한다.

원래 헤르메스라는 이름은 어떤 지역과 다른 지역을 구분해 주는 '경계석'이라는 말에서 유래되었다. 따라서 헤르메스는 어떠한 공간적 제한이나 장애도 뛰어넘을 수 있는 존재로 사이버 스페이스의 특징을 구현하고 있는 것으로 볼 수 있다. 또한 헤르메스는 태어난 날 요람에서 일어나 퀼레네에서 피에리아로 엄청나게 빠른 '속도'로 이동해 태양 신 아폴론의 소 떼를 훔쳐 온다. 아폴론의 소 떼는 하루, 이틀, 사흘 등과 같은 '날'을 의미한다. 따라서 헤르메스는 '시간의 도둑'이라 할 수 있다. 현대인들은 시간을 축소하고 제거하는 기술에 많은 노력을 기울인다. 엄청난 속도와 지식을 자랑하는 정보화 시대를 헤르메스의 시대로 정의하는 데 별다른 문제가 없을 듯하다.

2.

이제 우리에게 다가오는 미래는 첨단 과학 기술 시대라고 할 수 있다. 이 시대를 대표할 수 있는 신이 있다면 아마도 헤파이스토스(Hephaistos)일 것이다. 그는 다른 신들과 구별되는 아주 '특별한 것'을 갖고 있다. 그러나 안타깝게도 이미 호메로스의 시대부터 점차 사람들의 의식 속에서 희미해져 갔기 때문에 그리스 비극 시대와 헬레니즘 시대에 들어서면 헤파이스토스의 주요 능력과 기능을 프로메테우스와 헤르메스와 같은 신들의 기능과 혼동하기도 했다. 그래서 프로메테우스는 마치 기술의 신처럼 인간의 창조자로 나타나고 헤르메스가 연금술로부터 유래한 근대 화학의 신이 된다.

하지만 진정한 의미에서 기술의 신은 헤파이스토스뿐이다. 고대 청동기 시대부터 한 도시에서 대장장이 기술은 특별히 보호를 받았다. 그것은 우주의 신성한 힘을 활용하는 기술이었다. 초기에 대장장이는 광석의 '성장'을 촉진하고 완성시키는 어머니 대지의 역할을 하는 것으로 이해되었다. 대지의 어머니 여신은 자신의 몸속에 광석을 품고 있다. 그리스 우주 생성 신화에는 가이아가 우라노스를 거세하는 크로노스에게 자신의 몸에서 회색빛 낫을 만들어 주는 이야기가 나온다. 말하자면 대장장이는 대지의 어머니 여신의 대역이며, 광석은 어머니 여신의 자식이고, 가마는 인공 자궁과 같다.

대장장이 기술은 대지의 어머니 여신의 역할을 통해 가마에서 광석을 만들어 내는 신성한 일과 관련되어 있다. 여기에는 '불'이 반드시 필요하다. 그래서 모든 대장장이 신들은 불의 지배자이기도 한다. 불을 이용해 물질을 어떤 상태에서 다른 상태로 변화시키는 기술은 근본적으로 대장장이의 기술에 속한다. 대장장이는 광석의 성장을 촉진시키고 단기간에 숙성시키는 역할을 한다. 그렇기 때문에 이러한 기술을 사용하는 데는 수많은 예방 조치와 금기 및 종교적 의례가 수반된다.

이러한 측면에서 대장장이 기술은 연금술과 밀접한 관련이 있다. 그렇지만 서구의 연금술은 헤파이스토스가 아닌 헤르메스를 숭배했다. 아마도 헤르메스가 가장 쉽게 변할 수 있는 금속인 수은과 관련이 있기 때문일 것이다. 그러나 보다 심층적인 이유는 헤르메스도 아주 빠른 '속도'를 통해 인간적인 시간을 지배할 수 있기 때문일 것이다. 하지만 본래적인 의미에서 시간을 지배할 수 있는 능력도 역시 대장장이의 기술에 속한다. 연금술이 일반적인 광석을 금으로 변화시키려는 기술이라 한다면, 그것은 당연히 헤파이스토스의 기술이라고 할 수 있다. 그래서 호메로스 훨씬 이전 시대부터 헤파이스토스는 사회적으로 가장 중요한 지위를 차지하고 특별한 보호를 받았을 것이다. 초기에 대장장이들은 청동이나 철을 다루는 법을 알고 있었으며 무기와 농기구 등을 만들었기 때문이다. 따라서 이러한 영향 때문에 공식적으로 제우스의 장남 자리를 자연스럽게 차지했던 것으로 볼 수 있다.

헤파이스토스와 관련해서 나타나는 기술들은 크게 두 가지로 나눌 수 있다. 한 가지는 움직이는 것과 움직이지 않는 것과 관련된 기술이며, 다른 한 가지는 보이는 것과 보이지 않는 것에 대한 기술이다. 우선 보이는 것과 보이지 않는 것을 다룬 기술에 대한 그리스인들의 상상력을 살펴보자. 그리스 인들의 '보이지 않는 것'에 대한 열망은 헤파이스토스의 기술에 관한 이야기에 자주 등장한다. 헤파이스토스는 비정한 부모 제우스 또는 헤라에 의해 발로 차여 가장 높은 천상에서 추락해 바다로 곤두박질한다. 그때부터 그는 다행히 자신을 살려 준 여신들의 귀걸이와 목걸이 등과 같은 장식품을 만들면서 9년 동안이나 오케아노스 강 근처의 동굴에서 아무도 모르게 살아갔다. 어느 누구라도 만약 부모가 자신을 버렸다면 과연 그들을 용서할 수 있겠는가? 그러나 헤파이스토스는 오히려 어머니 헤라를 위해 너무나 아름다운 왕좌를 만들어 올림포스로 보낸다. 헤라는 찬탄을 금치 못하며 앉아 보았으나 예상치 못한 일이 일어난다. 황금 왕좌가 갑자기 공중으로 치솟아 올라 '보이지 않는 사슬'이 헤라를 결박한 것이다.

올림포스 신들이 모두 나섰지만 속수무책이었고 문제의 물건을 만든 헤파이스토스를 데리고 오는 방법밖에 없었다. 결국 수많은 올림포스 신들의 머리를 조아리게 만든 후에야 겨우 못이기는 척하고 약 9년 만에 올림포스로 다시 입성하면서 헤파이스토스가 회심의 미소를 짓는 모습은 가히 환상적이다. 마치 영화 「유주얼 서스펙트」 마지막 장면에서 우연적으로 사건에 말려들어 전후 과정을 이야기하며 연민과 동정을 자아내던 주인공이 절룩거리며 걸어가다가 아주 세련되게 양다리로 경쾌하게 걷는 장면을 보던 놀라움을 선사한다. 헤파이스토스의 완전한 다리는 현실을 살아가면서 사용되는 실천적 지혜이다. 그는 볼품없고 하찮게 보이지만 누구도 예기치 못하던 날카로운 이성과 판단력을 발휘할 때면 감탄을 금치 못하게 한다.

더욱이 아내 아프로디테가 자신이 없는 틈에 아레스와 사랑을 나눈다는 사실을 알았을 때도 헤파이스토스는 올림포스의 다른 신들과 전혀 다르게 반응했다. 가령 아폴론은 자신과 사랑을 나눈 코로니스가 이스퀴스를 더 사랑해 부정을 저질렀을 때 죽음으로 대가를 치르게 했다. 이미 불에 타고 있던 코로니스의 몸에서 아폴론이 구해 낸 것은 바로 의술의 신 아스클레피오스이다. 그렇지만 헤파이스토스는 이렇게 잔인하게 보복하지 않는다. 아프로디테가 결혼 후에도 자신을 속이고 아레스와 부적절한 관계를 가지고 있다는 사실 자체도 알고 나서 헤파이스토스는 잠시 슬픔에 잠기나 곧 은밀한 계획을 세운다. 그는 아프로디테의 침대에 '찢어지지도 풀어지지도 않으며 눈에 보이지도 않고 거미줄처럼 섬세한 그물'을 쳐 놓고 아레스가 몰래 들어오기를 기다렸다. 헤파이스토스의 '보이지 않는' 그물은 전쟁의 신 아레스조차 옭아맬 수 있을 만큼 강력하다. 이것이 바로 다른 올림포스 신들을 한번에 제압할 수 있는 헤파이스토스의 진정한 힘이다. 그는 올림포스 신들을 모아다가 구경을 시키면서 제우스신을 상대로 아프로디테가 정숙하지 못하니 지참금을 돌려달라고 협상을 한다. 그리스 인들은 헤파이스토스의 능력이 빛나는 장면에 반드시 '보이지 않는' 투명 장치를 등장시킨다. 아마도 우리의 감각, 특히 시각에 의해 지각되지 않는데도 이 세계에 존재한다는 사실에 매우 흥미를 느꼈던 것으로 보인다.

다음으로 움직이는 것과 움직이지 않는 것과 관련된 기술에 대한 그리스인들의 상상력을 살펴보자. 첫째, 그리스 인들이 헤파이스토스를 통해 상상의 날개를 달아 만들어 낸 것은 운동의 개념과 관련되어 있었다. 고대 그리스에서 생명 혹은 살아 있다는 것은 '영혼(psyche)'을 가진 것이라고 말해진다. 또한 영혼은 스스로 움직일 수 있는 능력을 가진 것이다. 고대부터 인간은 공간을 자유롭고 빠르게 이동하는 것을 꿈꾸어 왔다. 헤파이스토스는 테티스가 아킬레우스의 무구를 부탁하러 헤파이스토스를 찾아갔을 때 마침

자동 운송 장치를 만들고 있었다.

테티스는 헤파이스토스가 땀을 뻘뻘 흘리며 열심히 풀무를 불고 있
는 것을 발견했다. 그는 튼튼한 마루의 벽에다 세워 두려고 전부 스무 개
의 세발솥을 만들고 있었는데, 세발솥마다 밑에 황금 바퀴를 달아 저절
로 신들의 회의장으로 갔다가 도로 그의 집으로 돌아올 수 있게 해 놓았
으니, 보기에 장관이었다. ― 「일리아스」, 18.372~377

헤파이스토스는 세발솥을 이용한 자동 운송 장치를 말하고 있
다. 그리스 신화에서 '황금'이라는 말은 신적인 특성, 즉 원인을 알
수 없는 아주 놀라운 것에 대해 사용한다. 세발솥에다 황금 바퀴
를 달면 마치 인공 지능으로 움직이는 자동차처럼 목적지를 정확
하게 알아서 데려다준다. 「데몰리션맨」이나 「저지드레드」와 같은
과거에 나온 SF 영화들에도 인공 지능 장치는 자동차에 기본적으
로 장착해 등장한다. 그러나 인류의 기술 문명을 대표하던 기계 장
치인 '바퀴'는 점차 제거되고 있다. 나아가 땅이 아닌 하늘을 이동
하는 경우에는 원형 바퀴가 필요 없다. 하늘을 이동할 때는 땅과
일정한 방식으로 접촉하는 바퀴의 형태가 아니라 새의 날개 같은
형태가 필요하다고 생각했다.

그리스의 명장 다이달로스는 새의 깃털로 만든 날개를 만들어
아들 이카로스와 함께 미노스왕의 라비린토스에서 탈출하려 한
다. 날개는 인간에게 비상하려는 욕망을 불러일으킨다. 이카로스

는 하늘을 날게 되자 너무 높이도 너무 낮게도 날지 말라는 아버지의 경고를 망각하고 끝없이 비상하다가 추락한다. 다이달로스의 꿈은 레오나르도 다빈치와 라이트 형제 등으로 이어졌고, 오늘날까지 하늘을 나는 기계들은 지구뿐만 아니라 우주까지 뻗어나갔다. 나아가 그리스 인들은 이 세계의 세 영역인 '땅'과 '하늘'뿐만 아니라 '바다'라는 공간에 대해서도 독특한 상상력을 발휘했다. 트로이 전쟁이 끝난 후 포세이돈의 저주를 받아 바다에서 방황하던 오디세우스가 모든 것을 잃고 마지막으로 파이아케스 인들(Phaeacians)의 나라로 갔을 때이다. 칼립소(Calypso)의 섬에서 극적으로 탈출한 오디세우스는 바닷가에서 자신을 가릴만한 것조차 없는 상태에서 나우시카(Naussica) 공주의 도움을 받게 된다. 나우시카라는 말은 그리스 어로 '배'를 의미한다. 일본의 미야자키 하야오 감독의 「바람계곡의 나우시카」에서 나우시카가 타고 다니던 것은 '메베'라는 비행 도구인데 특별한 키나 장치 없이 바람을 이용해 하늘을 날 수 있다. 나우시카의 아버지 알키노오스 왕은 오디세우스가 고향 이타케로 돌아갈 수 있도록 특별한 배를 준비했다.

파이아케스 인들에게는 키잡이도 없고, 다른 배들이 갖추고 있는 것과 같은 키도 없으며, 그들의 배들은 스스로 사람들의 생각과 마음을 알고 있지요. ─「오디세이」, 8.557~559

호메로스가 말하는 이이아케스 인들의 배는 단순히 인공 지능을 장착한 정도가 아니라 상대방의 생각과 마음을 알고 있어 말을 하지 않고도 원하는 곳으로 데려다 준다. 인간은 공간을 자유롭게 유영할 수 있는 능력을 신적인 것으로 생각했다. 실제로 인간들의 경우에는 배나 바퀴 또는 날개와 같은 장치를 통해 '속도'를 통해 공간적 거리를 극복하지만, 신들의 경우에는 순간적인 이동을 할 수 있는 것으로 나타난다. 「일리아스」에서 아프로디테는 메넬라오스와 대결하다가 죽기 직전의 파리스를 순식간에 트로이 성 안으로 이동시키는 것으로 나타난다. 마치 「스타트랙」에서 우주인들이 한 곳에서 다른 곳으로 순간 이동하는 기술인 텔레포테이션(teleportation)을 사용하는 것처럼 보인다. 엄밀히 텔레포테이션은 사람이나 사물을 분해해 한 장소에서 다른 장소로 이동하는 기술이다. 신화 속에 나타난 공간에 대한 상상력은 현대 첨단 과학 시대에 점차 가시화되고 있다.

둘째, 그리스 신화에는 운동과 관련해 '살아 있지 않는 것'을 '살아 있는 것'으로 만들어 내려는 상상력이 흥미롭게 전개되어 있다. 우선 헤파이스토스가 미노스 왕에게 선물한 탈로스(Talos)라는 청동 인간을 살펴보자. 그는 온 몸이 청동으로 되어 있고 손톱 밑에 목에서 발목까지 이어지는 단 하나의 정맥을 가지고 있다. 이것이 그가 가진 유일한 약점이었다. 그는 하루에 세 번 크레타를 돌아다니며 다른 사람들이 접근하려하면 돌을 던지며 막았다. 그러나 아르고 호가 접근했을 때 메데이아가 불멸하게 해주겠다고 하며 청동 손톱 밑에 있는 정맥을 통해 신들의 영액을 모두 쏟아 내게 해

죽음에 이르렀다고 한다. 여기서 청동 인간은 거의 로봇이나 사이보그와 비슷한 존재로 강력한 힘을 가진 존재를 표현하기 위해 사용된 것이다.

다음으로 테티스가 아들 아킬레우스의 무구를 부탁하기 위해 헤파이스토스를 찾아왔을 때 아주 신기한 현상을 보게 된다. 사람도 아닌 것이 사람처럼 말하고 움직이는 것이었다. 그것은 다리가 불편한 헤파이스토스가 자신을 도와주도록 만든 '황금 하녀'이다.

> 황금으로 만든 하녀들이 주인을 부축해 주었다. 그들은 살아 있는 소녀들과 똑같아 보였고, 가슴에 이해력과 음성과 힘도 갖고 있었으며 신들에게 수공예도 배워 알고 있었다. —「일리아스」, 18. 417~420

헤파이스토스의 기술은 인간과 유사하게 말이나 생각을 할 수 있고 행동을 할 수 있는 안드로이드나 사이보그 등과 같은 새로운 종류의 존재를 만들 수 있다는 데에서 절정에 이른다. 단지 인간뿐만 아니라 동물과 비슷한 존재도 만들어 내기도 한다. 오디세우스가 칼립소에게서 풀려난 후에 마지막으로 파이아케스 인들의 나라로 갔을 때 알키노오스 왕의 집을 지키는 아주 신비스러운 존재들이 있었다. 궁전 입구에 있는 황금 문 양쪽에는 "황금으로 만든 개들과 은으로 만든 개들"이 서 있었는데, "헤파이스토스가 교묘한 재주로 만든 이 개들을 영원히 죽지도 늙지도 않게" 만들었다.

3.

그리스 신화를 통해 나타나는 인간의 과학적 상상력은 인간에게 보조적인 역할을 하는 존재를 만들어 내는 데까지 나아간다. 그것은 인간의 모습을 띨 수도 있고 다른 동물의 모습으로 분할 수도 있다. 단지 차이는 인간이나 그 외 다른 동물들은 죽을 수밖에 없는 존재인데 그것들은 오히려 신들과 비슷하게 죽지도 늙지도 않는다는 점에 있다. 왜 이러한 기술이 필요한가는 비교적 분명하게 나타난다. 그것은 인간을 위해 존재한다는 것이다. 황금 하녀는 헤파이스토스와 같은 신체가 불편한 자를 도와주기 위해 존재하며, 황금 개나 은 개는 무언가를 '수호'하는 특정한 기능을 하기 위해 존재한다.

그렇지만 이러한 기술은 신적인 것에 속하기 때문에 완벽하게 통제될 수 있다. 그래서 그리스 신화 속에 나타나는 첨단 과학 기술은 인간을 '도와주는' 기술이나, 인간에 의해 만들어지지 않았기 때문에 그리고 인간보다 더 신적인 특성을 많이 가졌기 때문에 인간이 함부로 도구화하지 못한다. 인류는 첨단 과학 기술 시대를 맞이해 기술의 목표와 본성을 보다 근본적으로 분석해 볼 필요가 있다. 기술은 단순히 끝없는 인간의 욕망을 충족시키기 위한 수단이 아닌 목적 그 자체로 사용되도록 노력해야 할 것이다. 인간이 만들어 낸 기술은 인간을 위해 존재한다. 기술이 아무런 반성적 사유를 거치지 않고 또 다른 기술을 낳는다면 인간은 점차 기술의 주변부로 물러나게 된다. 기술을 위한 기술은 그외 모든 것에 대해 파괴적일 수 있다. 우리에게는 인간을 생각하는 기술이 필요하다. 인간을 인간답게 하는 기술이야말로 진정한 기술이 아닐까?

장영란

한국 외국어 대학교 강사

한국 외국어 대학교에서 그리스 철학으로 박사 학위를 받고 현재 그리스 신화와 철학 및 문화 등에 대해 강의하고 있다. 저서로는 『장영란의 그리스 신화』, 『위대한 어머니 여신, 사라진 여신들의 역사』, 『아테네, 영원한 신들의 도시』, 『플라톤의 교육, 영혼을 변화시키는 힘』, 『아리스토텔레스의 인식론』 등이있으며, 논문으로는 「죽음과 늙음의 윤리」, 「시간의 신화와 철학의 윤리적 정초」, 「플라톤의 영혼의 글쓰기와 치유」, 「그리스 초기 자연철학과 플라톤에 나탄난 영혼 개념과 역사」 등이 있다.

상상력의 과학은 가능한가?

'시각적 인식'과 '상상하기'

20세기가 시작되던 1900년 폴란드 출신으로 미국에서 활동한 심리학자 조셉 재스트로는 『심리학에서의 사실과 우화』에서 다음과 같은 기이한 그림을 제시한다. 보기에 따라 이 그림은 오른쪽을 향하고 있는 '토끼-머리'로, 혹은 왼쪽을 향하고 있는 '오리-머리'로 볼 수 있다. 철학자 비트겐슈타인은 『철학적 탐구』에서 이 그림을 '토끼-오리 머리'라고 부르면서, 사물을 본다는 것이 그 자체로 이미 하나의 해석이라고 말한다. 우리가 이 그림을 '토끼-머리'로 보는 순간 그것은 '토끼'로 보이지만, '오리-머리'로 보는 순간 그것은 '오리'로 보인다. 본다는 것 자체가 하나의 해석인 것이다.

이제 또 다른 그림 하나를 살펴보자. 조선 중기의 의학자 허준이 책임 편찬한 의서『동의보감』(東醫寶鑑)에는 인체를 측면에서 묘사한 「신형장부도」(身形臟腑圖)가 실려 있다. 그런데 기이하게도 이 그림은 오늘날 우리가 해부학적으로 알고 있는 상식과는 판이하다. 그냥 대체적으로 비슷할 뿐이다. 머리와 몸통이 있고, 눈과 귀와 코와 입이 있다. 그리고 신체의 내부라 할 수 있는 장기들이 마치 꽃잎이 아래로 피어난 듯한 모습으로 묘사되어 있다. 과연 우리는 이 그림을 실제 인체의 모습을 묘사한 그림으로 간주할 수 있을까?

과학자이자 예술가로서 허준과 비슷한 시대를 살다 간 레오나르도 다빈치 또한 상세한 인체 그림을 남겼는데, 허준의 『동의보감』에

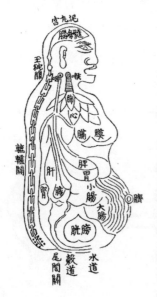
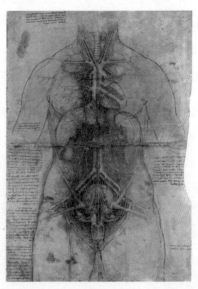

우리에게 과학이란 무엇인가

실린 그림의 기이함이 보다 분명하게 드러날 것이다. 레오나르도 다 빈치의 「인체 해부도」 그림은 오늘날 어느 해부학 서적을 들추어 보든 똑같이 볼 수 있는 그런 아주 세밀한 그림을 남기고 있다. 우리의 평범한 눈으로 볼 때 레오나르도 다빈치의 「인체 해부도」는 우리의 눈에 비친 인체의 모습을 정확하고 세밀하게 묘사하고 있는 듯하다. 하지만 이와 달리 허준의 「신형장부도」는 인체의 실제 모습과는 많이 다른 듯하며 마치 상상으로 그린 그림처럼 생각된다. 그렇다면 허준은 상상 속의 신체를 그리고자 했던 것일까?

일반적으로 감각이란 '감각되는 것의 존재'를 상정한다는 의미에서 늘 외적 대상과의 관계 속에서만 가능하다. 도무지 외적 대상이 없는 감각이란 있을 수 없다. 그래서 감각은 늘 '외적 실재'를 상정한다. 이와 같은 상식에 따를 때, 허준의 「신형장부도」와 레오나르도 다빈치의 「인체 해부도」의 차이는 묘사의 대상이 되는 인체가 다르다고 말해야 할 것이다. 하지만 이 또한 긍정하기 어려운 이야기이다. 그렇다면 레오나르도 다빈치의 감각이 허준의 감각과 달랐던 것일까? 이 또한 수긍하기 어려운 이야기일 것이다. 그렇다면 두 그림의 차이는 어디에서 비롯된 것일까?

시게히사 쿠리야마는 이러한 차이를 서구의 시각적 인식과 동아시아의 시각적 인식의 차이로부터 설명한다. 서구 해부학의 시각적 인식이 플라톤의 데미우르고스가 창조한 사물들 속에 구현된 '이데아(idea)' 또는 '설계(design)'을 보고자 한 것이라면, 한의학의 시각은 이와는 다른 시각(seeing)이라고 말한다. 이것은 마치 '꽃의 형태

(the flower)'를 보는 것과 '꽃의 피어남(the flowering)'을 보는 차이와 같은 것이다. 그런 의미에서 인체를 바라보는 서구적 시각이 '설계도 보기(the foresightful design)'라면 동아시아적 시각은 인간의 신체를 '식물처럼 보기(the botanical vision)'에 해당한다고 주장한다. 이러한 식물처럼 보기는 '상상하기(imagining)'이다.

재스트로의 그림은 한편으로 보면 '토끼-머리'로 보이기도 하고, 다른 한편으로 보면 '오리-머리'로 보이듯이, 어쩌면 허준이 묘사한 「신형장부도」와 레오나르도 다빈치의 「인체 해부도」의 차이 또한 그러한 차이를 보여 주는 것은 아닐까? 왜냐하면 비트겐슈타인이 적절하게 설명했듯이 '보는 것 자체가 이미 하나의 해석'일 수 있기 때문이다. 보더라도 어떻게 보느냐에 따라 실상을 얼마든지 다르게 표상할 수 있기 때문이다. 시게히사의 표현대로 그것은 차라리 '보기'보다는 '상상하기'라고 말하는 편이 나은 그러한 종류의 것일지 모른다.

상상계, '시각'에서 '촉각'으로

시게히사의 설명은 대단히 계발적이다. 하지만 우리는 아직 무언가 미진한 느낌을 떨쳐내기가 어렵다. 왜냐하면 그렇다 해도 허준의 「신형장부도」가 레오나르도 다빈치의 「인체 해부도」에 비해 너무 조야하다는 생각을 버릴 수 없기 때문이다. 게다가 다빈치의 「인체 해부도」가 '시각적 인식'의 산물인데 비해 허준의 「신형장부도」가 '상상력'의 산물이라면, 이른바 과학과 비과학이라는 기준

우리에게 과학이란 무엇인가

을 적용하기에 딱 좋은 것 아닌가하는 생각이 든다. 엉성하고 조야한 그림의 이미지만큼이나 「신형장부도」에 깔려 있는 세계관은 엄밀하지 못한 인상을 주기에 충분하다. 마치 근대 서양이 전통 동아시아를 바라보듯이 말이다.

하지만 조금 다르게 생각할 때 이와 같은 차이는 새롭게 조명될 수 있다. 여기서 우리는 또 하나의 그림을 살펴보자. 이 그림은 중국 명대(明代)의 의학자 장개빈이 편찬한 의서 『유경도익』(類經圖翼)에 실린 「경혈도」(經穴圖)이다. 침을 시술하는 한의사에게 있어 인간의 몸은 경락의 체계이다. 한의사는 맥진(脈診)을 통해 인간의 신체를 들여다본다. 기가 흐르고 저장되는 경락과 오장육부(伍臟六腑)라는 '몸속의 몸'을 진맥을 통해 들여다봄으로써, 몸의 상태를 진단하고 이를 적절한 경혈에 침을 사용해 몸속의 균형을 이루게 한다.

그렇다면 도대체 '경락'과 '혈'은 어떻게 지각될 수 있으며, 또 왜 그와 같이 특이한 방식으로 그려진 것일까? 그런데 이러한 '경락'과 '경혈'은 시각이 아닌 촉각을 통해 지각되는 것이다. 한의사가 흔히 사용하는 진맥이란, '손으로 만지는 것(切)'으로서 한의학의 기본 진단 체계인 사진(四診) 즉 망(望)·문(聞)·문(問)·절(切) 가운데 하나이다. 네 가지 가운데 맥진은 가장 중요한 진단 방법으로서 '절'에 해당한다.

일본의 중국 의사학자 야마다 게이지는 중국 의학의 특징인 침구(鍼灸)가 의학에 가져 온 네 가지 중요성을 다음과 같이 지적한다. 첫째는 '경락' 개념의 탄생이고, 둘째는 맥상(脈象)에 기초한 맥진법

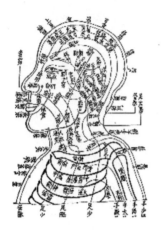

으로서 이는 후한(後漢) 장중경(張仲景, 150~219년)의『난경』(難經)과 진(晉) 왕숙화(王叔和, 180~260년)의 『맥경』(脈經)에서 완성된다. 셋째는 경맥병에 대한 사고방식으로서 여기서 병과 맥의 관계는 감응(感應)의 관계를 이룬다. 넷째는 치료점으로서 급소의 발견이다. 그런데 이렇게 맥을 중심으로 논의되는 의학 체계에서 가장 중요한 맥과 경락과 관련된 논의는 모두 촉각에 의존해 진단하는 방식이다. '맥진'과 관련된 모든 논의에서 알 수 있는 것은, 경락, 경혈, 맥상 등이 모두 촉각적이라는 사실이다.

「경혈도」에 자세하게 묘사된 경혈, 즉 침을 놓는 자리들은 인체의 해부를 통해 시각적으로 확인할 수 있는 것이 아니다. 그것은 감각-오성의 방식으로 구성한 인체의 모습과는 다른 '상상된 신체'이다. 달리 말하자면 경락과 경혈의 그림이란 '촉각적으로 지각된' 신체 내부를 '시각적으로 가시화한' 것에 해당한다. 레오나르도 다빈치의 「인체 해부도」가 해부, 즉 '시각적으로 지각된', 다시 말해 신체 내부를 '시각적으로 가시화한' 해부학적 신체라면, 허준의 「신형장부도」나 장개빈의 「경혈도」는 '상상된', 즉 촉각적으로 지각된 신체를 시각적으로 가시화한 신체에 해당한다.

그리고 이러한 맥진은 바로 우리의 신체를 흐르는 기(氣)를 감지하기 위한 방법이다. 본래 '구름'이나 '수증기'와 같은 단순한 의미에서 출발한 기는 기원전 4~기원전 3세기를 거치면서 구체적이고 다양한 함축을 지닌 범주로 발전한다. 즉 유가의 수양론이나 도교의 양생론은 물론 우주론, 정치론은 물론 나아가 신선술(神仙術)과 예술 이론, 그리고 중국 과학의 전형이라 할 수 있는 한의학 등에서 가장 기초적인 개념으로 자리잡는다. 바로 이러한 개념을 통합하는 범주로 발전하는 과정에서 기의 동인(動因)의 논리로서 음양(陰陽)과 오행(伍行)이 포섭됨으로써, 기와 음양오행론은 하나의 체계화된 우주론으로 역할한다.

'기'처럼 한국어에서 일상적으로 자주 쓰이면서도 그 의미를 설명하기 쉽지 않은 말도 드물다. 우리는 인기(人氣)가 많은 가수의 노래를 자주 듣고, 과로를 하면 기운(氣運)이 없어 고생하고, 또 친구나 직장 상사에게 핀잔을 들으면 기분(氣分)이 상한다. 또 차가운 공기(空氣) 때문에 감기(感氣)에 걸려 온몸의 열기(熱氣)로 경기(驚氣)에 고생하기도 하고, 내 차를 들이받고서도 노기(怒氣)를 부리는 사람을 보고 기(氣)가 차고, 스트라이커의 절묘한 슛에 기(氣)가 막힌다. 이렇게 우리의 삶을 설명하는 가장 친근한 개념인 동시에 우리의 삶을 가능하게 하는 동력이 바로 기이다.

이런 맥락에서 기는 구체적 경험의 장인 동시에 추상적 사유가 만나는 생활 세계적 개념이다. '차갑다(寒氣)', '따뜻하다(溫氣)' 등으로 표현되는 기는 내 몸이 주변 대상에 대해 갖는 감각의 차원이라면, 또는 '기쁘다(喜)', '화난다(怒)', '슬프다(哀)', '즐겁다(樂)'는 식으로 표현되는 감정적 차원까지 기는 포괄한다. 감각적 차원이든 감정적 차원이든 모두 내·외의 분리, 주객의 분리는 성립되지 않으며 상호 소통 속에서 이루어지는 것이 기의 세계이다. 그런 의미에서 기는 어떤 대상이나 객관적 사태라기보다 우리의 몸이 세계와 빚어 내는 감응(感應), 상호 소통적 체험의 장에서 나타난다.

상상력의 과학은 가능한가

이와 같은 개념적 특성 때문에 기는 객관화, 수량화라는 근대적 기획에 포섭되기 어려운 점이 있다. 같은 온도의 물이라도 내 몸이 좋을 때는 시원하다가 내 몸이 좋지 않을 때는 차갑게 느껴지는 것처럼, 기의 세계는 내 몸과 세계와의 감응 관계에서 성립된다. 기를 '추상화'·'개념화'하기 어려운 까닭은 이와 같이 생활 세계, 내 몸이 살아 움직이는 세계 속에서 일어나는 체험을 포착하기 위한 것이기 때문이다. 오히려 기에 관한 물음은 그것이 전통적 맥락에서 어떻게 운용되는가에서 찾는 것이 수월하다.

여기서 우리가 재고해 보아야 할 것은 과연 그간 현대 학계에서 이루어진 음양오행론에 대한 접근 방식이 타당한가의 여부이다. '과학'이 단지 물리적 수량화와 분석, 실험적 증명과 동의어가 아니라고 한다면, 오히려 넓은 의미에서 '자연 현상'에 대한 체계적 인식과 적용이 '과학적 행위'의 본질이라고 말할 수 있다면, 음양오행론과 관련된 우리는 처음부터 새롭게 출발해야 할 위치에 놓여 있다. 왜냐하면 근대 과학적 세계관에 지배되는 현대 의학의 '생의학적 패러다임'이 대단한 성과를 내고 있는 것처럼, 일단의 분야에서는 한의학의 침구와 의약 또한 만만치 않은 효과를 보고 있는 것 또한 사실이기 때문이다.

한의학이 '근대 과학'의 회의장에 정식으로 입장 허가를 받지 못했다 해도 분명 동아시아 현실의 임상의 장에서 한의학은 '의학'과 '의료 체계'로서 일정한 역할과 기여를 하고 있는 게 사실이기 때문이다. 따라서 음양오행론의 일부 불합리한 요소에도 불구하고, 음양오행론을 이론적 기초로 삼고 있는 한의학이 일정한 효과를 보고 있다면 그러한 효과의 실질적 근거와 본질은 어디에 있는가를 이해하는 것이야말로 우리의 논의의 핵심이 될 것이다. 하지만 이 글이 그에 대한 대답을 제시하지는 못한다. 다만 우리는 여기서 일정한 가능성의 단초를 지적하는 데 그치고자 한다.

서구적 과학의 근간이 되는 수학적 추상화, 환원적 분석에 입각하지 않은 한의학은 과연 인간과 주변 환경에 대해 어떠한 인식론적 태도를 취하고 있는가? 인체에 대한 구조적 이해, 사물의 분류(약재 및 약성과 약효에 대한 갖가지 분류 체계를 포함해)는 어떠한 인식론적 근거 위에서 이루어지고 있는가? 우리는 이와 같은 물음들로부터 출발해야 하며, 실제 그러한 분류의 과정에 음양오행론이 기여하는 역할과 의미가 어떤 것인가? 또한 실제 본초학(本草學)의 분류 방식, 물류(物類)에 대한 분류 체계는 어떻게 이루어져 있는가? 이러한 분류 체계와 음양오행론이 어떤 관계에 있는가는 아직 시도되지 않은 미지의 연구 영역에 속한다.

빛의 삼원색이란 프리즘을 통해 굴절시킨 파장에 따른 차이의 분류이다. 여기서 빛의 색깔 자체는 파장(수량화 할 수 있는 것)에 비해 과학적으로 중요하지 않다. 그러나 우리 신체의 '눈'의 경험에서는 색깔 자체가 더욱 중요하다. 색깔을 파장으로 접근하는 것이 '추상화'라면 색 그 자체의 경험은 이미지의 운동 즉 '상상력'에 해당한다. 미각의 경우는 더욱 구체적으로 드러난다. 우리의 혀는 맵고, 짜고, 쓰고, 달고, 신 다섯 가지의 맛을 구분한다. 과학적 추상화는 이러한 맛을 분자 단위의 물질로 분석해 맛의 차이의 원인을 분석하지만, 우리의 '혀'는 맛 그 자체를 통해 사물은 분류(먹어도 되는 것과 먹어서는 안 되는 것)한다.

이와 같이 본다면 우리 신체의 오관 혹은 오감은, 그 자체가 우리 주변 세계에 대한 정보와 분류를 가하는 분류 체계이다. 게다가 그것은 객관화·수량화·추상화된 어떤 것이 아니라 우리의 신체-감각 기관이 대상 세계와 직접 접촉함으로써 얻어지는 일종의 '감응'이다. 여기서 '감각 작용'이 아닌 '감응'이라 부르는 까닭은, 감각 경험이 추상적 조건에서 객관적으로 측정되는 것인 반면에 '감응'은 우리 신체의 상태에 따라 차이가 일어나기 때문이다. 건강한 몸과 그렇지 않은 몸, 주의를 기울였을 때와 그렇지 못할 때 우리 몸이 주변 세계나 사물과의 감응은 다르다.

이와 같이 생각하게 되면, 전통 한의학의 사물의 분류 체계는 음양오행론을 통해 완벽하게 체계화되지는 않았다 해도 감응에 의한 분류에 해당한다. 이러한 논리 속에서는 '왜 삼색이 아니고 오색인가?' 또는 '왜 칠미(七味)가 아니고 오미인가?'와 같은 물음이 중요한 것이 아니라, '어떤 사물은 왜 그러한 색을 갖고 있는가?'이거나 또는 '식물들은 왜 잎이 푸른가?'와 같은 의문이다. 더 나아가 어떤 일정한 색과 일정한 맛 사이에 오랜 경험적 관계가 성립될 때 '먹을 수 있는 것'과 '먹을 수 없는 것'을 '상상'한다. 달리 말하자면 감각은 우리 신체의 '자연스러운' 분류 체계이다.

서구의 학자들에 의해 원시적 분류 또는 상관적 사유, 유비 추리라는 이름으로 '비과학'의 영역으로 몰아 낸 전통적 사유의 '상상계'는 적어도 이와 같은 '감각의 논리'에 기반하는 유의미한 분류 체계의 표현일 수는 없는가? 이제 우리도 서구의 개념과의 비교나 추상화를 통한 비교가 아닌, 전통 사회의 사상과 문화 속에 깃들어 있는 그 나름의 '근거'를 찾아야 하는 것은 아닐까 생각해 본다. 아마도 '음양오행론'의 모두가 참은 아닐지라도, 그것이 근대 과학의 잣대에는 한참 모자라는 난쟁이일지라도 '상상력의 과학'이라는 이름으로 부를 수는 없을까?

김시천

인제 대학교 인문 의학 연구소 연구 교수

숭실 대학교에서 「노자의 양생론적 해석과 의리론적 해석」으로 박사 학위를 취득했고, 도가 철학과 한의철학, 동아시아 고전의 현대적 해석에 관심을 갖고 연구하며 글을 쓰고 있다. 지은 책으로는 『철학에서 이야기로』, 『기학의 모험 1,2』(공저), 『이기주의를 위한 변명』, 『번역된 철학, 착종된 근대』(공저) 등이 있고, 「상상력의 과학-기, 음양오행, 그리고 한의학적 신체론」, 「다윈이 맹자와 만났을 때-고전적 유가 수양론의 진화론적 사유구조」 등 도가 철학과 한의학, 과학 사상과 진화론을 가로지르고자 하는 논문이 다수 있다.

현대 의사의 상징, 가운과 청진기

의사를 상징하는 물건으로 어떤 것이 있을까? 중세 서양과 이슬람권에서는 요병(尿瓶, 오줌병)이 의사의 상징이었다고 한다. 서양의 중세 시대나 근대초의 그림에서 의사들이 요병 속에 들어 있는 환자소변의 색깔과 점도(粘度)를 관찰하고 냄새를 맡아 보며 필요하면 맛도 보는 모습을 종종 찾아볼 수 있다. 그러면 우리나라 전통 시대 의사의 상징물로는 어떤 것을 꼽을 수 있을까? 중세 서양의 요병처럼 딱히 이것이라고 할 만한 것이 잘 떠오르지 않는다. 약항아리, 약사발, 약절구 등을 꼽을 수 있겠지만 그것들은 동서고금을 막론하고 보편적으로 쓰여 온 것이니 우리나라나 동아시아 한의학 문화권의 상징물로 내세우기는 적절치 않은 것 같다. 그리고 침(針)은 일반적인 생각과는 달리 의사(醫員)들 가운데 일부만이 사용한 것으로 이 또한 상징물로 삼기에는 미흡한 점이 있다.

현대 사회에서는 어떤 것이 의사를 상징하고 있을까? 흰 가운을 의사의 한 가지 상징물로 꼽는 데에 반대하는 사람은 거의 없을 것이다. 아이들도 의사를 그리라고 하면 십중팔구 가운 입은 모습을 그린다. 흰 가운에 매료되어 의과 대학에 진학했다는 학생도 제법 있는 것으로 보아 흰 가운은 현대 사회에서 중요한 상징 구실을 하고 있다.

그러면 언제부터 의사들이 흰 가운을 입었을까? 사진이나 그림을 보면 19세기말부터 청결한 가운을 입은 '선구자'들이 나타나며 그 뒤 급속도로 확산되어 20세기초에는 상당히 보편화된 것으로 보인다. 우리나라도 세계적 조류를 따라 대체로 일제 강점기 초인 1910년대부터 의사들이 병원에서 흰 가운을 착용했던 것 같다. 시기는 분명치 않지만 한의사들이 가운을 입은 것은 훨씬 뒤의 일이다.

그러면 그 이전에는 어떠했을까? 의사들은 진료할 때, 심지어 수술할 때도 평상복 차림이었다. 겨울에는 외투까지 걸친 채 진료하는 것이 상례였다. 의사 옷에 묻은 피와 고름은 그 의사의 경륜을 나타내는 것이지 불결하다는 인상은 전혀 주지 않았다. 흰 가운을 착용하게 된 데에 가장 큰 역할을 한 것은 물론 파스퇴르와 코흐에 의해 정립되고 발전하기 시작한 세균설이었다. 한동안 "눈에 보이지도 않는, 하찮은 세균이 무슨 병을 일으킨다고! 말도 안돼."라며 의사들의 조롱거리가 되기도 했던 세균설은 이제 거꾸로 의사들을 시대에 뒤떨어진 존재로 각인시켰다. 의사들은 이제 경륜이 깃든 평상복을 추억 속으로 벗어던지고 청결과 위생이라는 새로운 가치를 보장하는 가운을 입을 수밖에 없게 되었다.

의사들보다 먼저 가운(유니폼)을 입은 것은 간호사들이었다. 19세기 중엽, 불결과 나태라는 종래의 '비전문적 간호인'의 이미지를 벗어던진 새로운 '직업적 간호사'들이 나타났다. 아직 세균설이 정립되기 전이지만 이들은 청결과 헌신을 자신들의 이미지로 내세웠다. 나이팅게일이 이러한 새로운 움직임을 가장 먼저 주도한 것은 아니지만 그것을 세상에 알리고 대세로 만든 데 누구 못지않은 공을 세웠다. 나이팅게일은 끝내 세균설을 받아들이지 않았지만, 세균설은 나이팅게일 류의 간호사들에게 정당성을 부여했다.

오늘날 의사들 말고도 가운을 입는 직업군은 적지 않다. 간호사는 물론이고 의료 기사, 간호 보조원 등 병의원에서 일하는 사람들은 대체로 행정직을 제외하고는 가운을 착용한다. 그밖에 이발사와 요리사, 실험실 연구자들도 가운을 입는다. 하지만 사람들은 가운에서 가장 먼저 의사를 떠올린다.

가운을 입는 다른 직업군과 마찬가지로 의사에게 가운은 '일차적으로' 근무복이고 작업복이다. 그러한 점을 나는 몇해 전 북한의 어느 병원을 방문했을 때 새삼 색다르게 실감했다. 그 병원의 의사와 간호원(북한에서는 간호사라 하지 않고 간호원이라고 한다.) 들의 가운 가슴께에 당연히 있어야 할 "최고 지도자를 모신 휘장"(뱃지라고 하면 북한에서는 큰 불경이라고 한다.)이 보이지 않아 이유를 물었다. 돌아온 대답은 작업복에는 휘장을 모시지 않는다는 것이었다. 그들이 소리 내어 말하지 않았지만, 의사의 가운은 작업복이다.

복장의 여러 기능 가운데 한 가지는 권위를 부여하는 것이라고 한다. 가운은 '일차적으로' 작업복이라고 했지만, 우리 사회에서는 그에 앞서 권위의 상징 역할을 하고 있는지 모른다. 적지 않은 대학 병원 의사(교수)들이 가운 차림으로 학생 강의를 하고 교수 회의에 참석하고 입학식 등 행사에 참석한다. 넥타이를 매지 않는다고 힐책하는 것이 적절치 않듯이, 진료실 바깥에서 가운을 입는다고 비난하는 것 역시 바람직하지 않을 것이다. 1년여 전까지 전혀 신경 쓰지 않던 일들에 대해 온갖 촉각을 곤두세워야 한다는 '법치주의' 시대에 옷 입는 자유마저 훼손해서야 될 것이랴? 내가 말하려는 것은 적지 않은 의사들이 스스로 가운에 상당한 권위를 부여하고 있다는 '사실'이다.

그렇게 사회와 의사 자신에게서 권위를 부여 받은 가운은 의사와 환자를 '구별'할 뿐만 아니라, 한걸음 더 나아가 '차별'하게 한다. 이러한 우려 때문에 '가운 벗기 운동'이 생겨났지만 우리 사회에서는 별로 호응을 받지 못한다. 병원에서 일하는 사람들은 대부분 가운을 입지만 직종에 따라 가운의 모양은 다르다. 전근대 시대에는 관료의 직급(官等)에 따라 복장(官服)의 색깔과 모양이 달랐다고 한다. 현대 사회에서 그러한 모습은 거의 사라졌지만 여전히 남아 있는 곳 가운데 하나가 병원이다. 관료 사회에서조차 사라진 복장 구분(차별)이 관료주의적인 모습이 가장 없어야 할 병원에 남아 있다니, 그뿐만 아니라 거기에 대한 문제 제기조차 거의 없다니. 참으로 모를 일이다. 의료인들이 가운을 입는 것 자체에 대해서 부정할 필요는 없겠지만 거기에 담긴 관료성과 차별성 등은 하루 빨리 걷어 내야 하지 않을까?

나는 서양 중세의 요병에 직접적으로 대비되는 현대 사회의 의료적 상징은 타진법과 청진기라고 생각한다. 요병과 타진법, 청진기는 각각 서양의 고대 중세 의학과 현대 의학의 특성을 고스란히 나타낸다. 요병은 히포크라테스 시대부터 근대 초기까지 서양 의학의 주도적 담론이었던 체액설(體液說)의 자연스러운 귀결이자 충직한 대변자였다. 의사들은 소변의 색깔, 점도, 냄새, 맛을 통해 체액의 변화를 알아내 환자의 상태를 진단했고 예후(豫後)와 치료법을 결정했다. 반면에 타진법과 청진기는 본체론적(本體論的) 질병관과 해부 병리학이라는 현대 의학의 신조를 충실히 반영하는 것이다. 그러한 점을 타진법과 청진기의 역사를 통해 구체적으로 살펴보자.

오늘날 시진(視診), 청진(聽診), 촉진(觸診)과 더불어 중요한 이학적(理學的) 검사 방법으로 쓰이는 타진법이 탄생한 것은 1750년대이었다. 하지만 그것이 널리 쓰이게 된 것은 그로부터 50년가량 뒤이다. 즉 오스트리아의 의사 아우엔부르거가 1750년대에 고안해 1761년에 출간된 논문 「새로운 관찰(Inventum Novum)」에 보고한 타진법은 근 반세기 동안 거의 쓰이지 않다가 프랑스의 코르비자르에 의해 1809년 무렵 본격적으로 임상에 도입되었다.

1722년 오스트리아 그라츠에서 부유한 양조업자의 아들로 태어난 아우엔부르거는 빈 대학 의학부에서 공부하고 1752년 졸업을 했는데, 이 무렵부터 빈은 서양 의학의 중심지 구실을 하게 되었다.

아우엔부르거는 졸업 후 빈의 에스파냐 병원에서 일하는 동안 타진법을 고안했다. 그는 흉곽의 여러 부위를 손가락으로 두드릴(타진할) 때 부위와 환자 상태에 따라 각기 다른 소리가 나는 사실을 발견했다. 그리고 그는 곧 그러한 타진음(打診音)이 환자의 임상 소견을 해석하고 더 나아가 환자 몸속의 구조적 변화를 짐작하는 데 도움이 될 것이라고 생각했다. 흉부 질환을 앓는 환자를 진찰하는 방법이 환자의 맥박이나 호흡 상태를 관찰하는 것이 고작이었을 때였다. 더욱이 그가 생각해 낸 타진법은 복잡하고 값비싼 도구나 장비를 필요로 하지 않았다. 이 새로운 진단법은 의사의 숙련된 손가락과 귀만 있으면 되었다.

아우엔부르거는 오스트리아 사람답게 음악에 관심이 많아 음향학에 조예가 있기도 했지만(모차르트의 라이벌인 살리에르의 오페라에 아름다운 가사를 쓰기도 했다.) 성장 환경도 그가 타진법을 개발하는 데에 적지 않은 도움이 되었다. 그는 어려서부터 아버지가 경영하는 양조장에서 일하는 일꾼들이 술통을 두드리는 모습에 익숙해 있었다. 음악 시간에 유리잔 속의 물의 양에 따라 음높이가 다른 소리가 나는 원리를 이용해 '연주'를 한 경험이 있는데, 아우엔부르거는 어릴 때 늘 그것과 비슷한 경험을 하며 자랐던 것이다. 아우엔부르거는 의사가 되어 정상적인 흉곽을 손가락으로 두드렸을 때 빈 술통처럼 맑은 공명음이 나는 사실을 발견했다. 그리고 흉강이 삼출액(exudate)으로 차 있을 때는 술이 들어찬 술통과 비슷한 소리가 난다는 사실을 알게 되었다. 아우엔부르거는 이러한 방법을 이용해 정상인과 환자 심장의 윤곽을 그릴 수도 있었다.

에스파냐 병원에 근무하는 동안 아우엔부르거는 환자 생전의 타진 소견과 사후의 부검 소견을 비교 대조하는 노력을 거듭했다. 또한 죽은 환자의 흉곽을 두드리면서 어떤 소리가 나는지도 면밀히 조사했다. 그는 7년 동안의 작업을 정리해 1761년 불과 1200단어로 된 논문을 라틴어로 펴냈다. 14절로 구성된 논문 가운데 중요한 것은 처음의 다섯 절이다. 제1절과 2절은 타진하는 방법과 흉곽의 정상음을 다룬 부분이며, 3, 4, 5절에서는 폐기종(肺氣腫), 심낭삼출(心囊滲出), 동맥류(動脈瘤), 흉막파열(胸膜破裂) 등 급만성 질환 시에 나타나는 소리가 묘사되어 있다. 이 논문에 대해 할러와 쉬톨처럼 주목하는 사람도 더러 있었지만 무시와 비난이 훨씬 많았다. 아우엔부르거의 스승이자 당대 최고의 의학자로 손꼽히던 즈비텐도 타진법의 가치를 인정하지 않았다.

이때부터 50년 가까이 아우엔부르거의 새로운 진단법은 다른 의사들의 관심을 끌지 못한 채 거의 파묻힌 상태였다. 아예 잊혀질 수도 있었던 아우엔부르거의 업적을 재발견하고 그것을 햇볕 아래 다시 드러낸 사람은 프랑스 의사 코르비자르였다. 나폴레옹 1세의 주치의이자 당시 새롭게 유럽 의학을 주도하게 된 파리 임상학파의 지도자 격이었던 코르비자르는 1797년 무렵 쉬톨의 저서를 통해 아우엔부르거의 방법에 접하자마자 그 가치를 알아챘다. 코르비자르는 그 뒤 10년에 걸친 자신의 경험을 추가해 아우엔부르거의 짤막한 원래 논문을 400쪽이 넘는 방대한 책으로 다시 펴냈다. 이로써 타진법은 의학 세계에서 당당히 시민권을 얻게 되었다. 코르비자르에 의한 확대 개정판이 나온 것은, 1809년 5월 18일 아우엔부르거가 세상을 떠나기 몇달 전의 일이다. 자신의 업적을 뒤늦게나마 인정을 받은 아우엔부르거는 마음 편히 눈을 감을 수 있었을 것이다.

그러면 왜 아우엔부르거의 위대한 업적이 한 동안 제대로 평가를 받지 못했을까? 또한 몇십 년 뒤에는 인정을 받게 되었을까? 이러한 현상을 설명하기 위해서는 이 무렵에 일어난 질병관(疾病觀)과 병리학의 변화에 주목해야 할 것이다. 즉 아우엔부르거가 타진법을 고안해 냈을 당시만 하더라도 환자가 나타내는 증상을 곧 질병으로 이해했으며, 그러한 전통적 질병관에서는 타진법은 별 소용이 없었다. 그러나 이탈리아의 모르가니 등에 의해 환자의 장기(臟器)에 생긴 해부 병리학적 변화가 질병 현상의 핵심이라는 새로운 질병관이 싹트면서 그러한 병적 변화를 외부에서 파악할 수 있는 진단법이 요청되었다. 18세기말 해부 병리학이 정착되어 가던 프랑스 파리의 코르비자르에 의해 타진법이 재발견된 것은 우연이 아니었다.

최초의 청진기는 속이 빈 종이관이었다. 라에네크는 파리의 네케르 병원에서 한 환자의 흉곽을 검사하면서, 자신이 둘둘 말아 만든 종이관으로 가슴에서 나는 소리를 들었다. 질병 진단법 발전에 획기적인 계기가 된 그러한 시도는 라에네크가 서른다섯을 맞은 1816년에 이루어졌다. 지금부터 200년 전의 일이다.

라에네크 이전에는 흉곽을 검사할 때 주로 촉진법과 타진법을 썼으며, 귀를 직접 가슴에 대고 소리를 들어 보기도 했다. 앞에서 언급했듯이 아우엔부르거가 개발한 타진법은 한동안 거의 쓰이지 않다가 코르비자르에 의해 1809년 무렵 본격적으로 임상에 도입되었으니, 타진법 역시 당시로는 매우 새로운 진단법이었다.

라에네크가 사용했던 종이관은 여러 차례의 개선을 거듭한 결과 오늘날 우리에게 낯익은 근사한 청진기가 되었으며, 그것은 중세 의사의 상징이 요병이었던 것처럼 현대 의사의 상징이 되었다. 종이관은 우선 나무관으로 대치되었으며, 1820년대말 커민스와 윌리엄스가 고무와 비슷한 말랑말랑한 재료로 청진기를 만들었다. 잠시 동안 청진기는 오늘날 태아의 심장 소리를 듣기 위해 산과에서 쓰고 있는 것과 비슷한 한귀 청진기(monaural stethoscope)의 모습이었지만, 1850년대 초에 오늘날과 비슷한 모양의 두귀 청진기(binaural stethoscope)로 바뀌었는데 이는 미국인 의사 캐먼의 공이었다.

앙시엥레짐 말기인 1781년 프랑스의 브르타뉴 지방에서 태어난 라에네크는 혁명과 반혁명, 그리고 나폴레옹의 제정을 거치면서 유럽 의학의 중심지로 떠오른 파리에서 의과 대학을 마쳤다. 파리 의과 대학에서 라에네크는 코르비자르의 제자이자 동료가 되는 행운을 잡게 되었다. 스승은 제자에게서 의학의 미래를 보았던지, 라에네크에게 임상 경험을 할 기회를 많이 제공했다. 라에네크는 또한 비샤와 뒤피트랑이라는 또다른 거장들의 가르침을 받는 기회도 가졌다. 라에네크는 그들 스승의 지도를 따라 의과 대학 재학 중에 이미 400례가 넘는 출중한 임상 기록을 남겨, 파리 의과 대학에서 처음으로 내과와 외과 부분에 걸쳐 수상하는 영광을 안기도 했다.

청진기를 개발하기 전에 라에네크가 가장 크게 기여한 것은 병리 해부학 분야였다. 그는 특히 흉부 질환에 관심이 많았는데, 이미 심장음과 폐음(肺音)의 중요성을 인지하고 있었으며, 기관지 확장증, 기흉, 출혈성 늑막염, 폐괴저 등을 감별했다. 라에네크는 스승 코르비자르를 따라, 환자 생전의 임상 소견과 사후 부검 소견을 연관지으려고 노력했으며, 동료들에게도 그 점을 강조했다. 네케르 병원의 외래 의사로 임명을 받은 뒤로는 학생들에게 병의 경과와 더불어 환자의 진찰을 꼼꼼히 하고 결과를 철저히 기록하도록 했다. 명성이 점차 올라가면서 라에네크는 마침내 코르비자르의 사망 후, 당대 최고 명문인 콜레주 드 프랑스의 내과 교수직을 이어받게 되었다.

자신이 고안한 그 도구를 그저 '관'이나 '바통'이라고 하는 적이 더 많았지만, 청진기(stethoscope, 그리스 어 stethos는 가슴이라는 뜻이고, skopein은 조사한다는 뜻이다.)라는 이름을 지은 것도 라에네크였다.

그 도구는 처음에는 그저 종이를 둘둘 만 것이었다. 길이는 한 자쯤 되었는데, 질 나쁜 종이를 세 장 겹쳐 힘껏 말아서는 풀로 붙이고 양끝은 줄로 매끄럽게 다듬었다. 이렇게 하고 보니 그것은 지름이 불과 3~4밀리미터쯤 되는 가느다란 관이 되었다.

호흡음을 듣기 위해서는 가운데 빈 부분이 가장 중요하다. 이렇게 간단한 도구가 심장음을 듣는 데에도 제일이다. 호흡 상태를 파악하는 데에는 그저 '랄(폐에서 들리는 비정상적인 소리)'이 들리는지, 또 어떤 종류의 '랄'이 들리는지를 파악하는 것만으로 충분하다.

마침내 나는 길이가 한 자, 지름이 16밀리미터인 나무로 실린더 모양을 만들었는데, 관의 내경(內徑)은 6밀리미터가량 되었다. 그리고는 한쪽 끝에 소리를 모으기 위해 4센티미터쯤 되는 종 모양의 장치를 달았다.

처음에 나는 그렇게 간단한 도구에 특별히 무슨 이름을 붙여야 하리라고는 전혀 생각하지 않았다. 동료나 학생들이 그래도 이름을 짓는 게 낫겠다고 해 소리기구, 가슴소리, 흉곽소리, 의학용 코넷 등 몇가지 이름을 만들어 보았지만 영 어울리지 않았다. 마침내 나는 '청진기(원어대로 하면 가슴 검사 도구)'라는 이름을 생각해 냈는데, 용도에 가장 잘 어울리는 것이었다. 우리는 이 청진기가 흉곽을 진찰하는 것 이외의 용도가 있기를 희망한다.' —『간접 청진에 관한 연구(*Traite de L'auscultation Mediate*)』(라에네크가 자신의 책 제목에 '간접(mediate)'이라는 단어를 쓴 것은 환자의 몸에 직접 귀를 대지 않고 관이라는 매개물을 통해 간접적으로 소리를 듣는다는 점을 강조하려 했기 때문이다.)

라에네크는 단순히 청진기를 고안해 낸 것이 아니라 그것으로 흉곽에서 나는 여러 가지 소리를 감별하기도 해, 그의 생존 당시부터 청진기는 의사들에게 빼놓을 수 없는 무기가 되었다. 라에네크는 아우엔부르거와 달리 시대를 잘 만났던 것이다. 그리하여 청진기는 뢴트겐이 발견한 엑스 선이 임상 의학에 활용될 때까지, 의사들이 특히 흉부 질환을 진단할 때 가장 중요한 도구가 되었다.

의과 대학 학생들이 의과 대학생이라는 사실을 가장 뚜렷이 느낄 때는, 거의 예외 없이 본과 1학년의 해부학 실습 첫 시간과 3학년 초 임상 실습을 시작할 때이다. 가운은 기초 의학을 공부하는 1, 2학년 때에도 늘상 입기 때문에 별로 새삼스러울 것이 없지만, 가운 주머니에 꽂아 넣은 청진기는 임상 실습을 시작하는 학생들의 가슴을 설레게 한다. 청진기는 생김새처럼 사용 원리도 매우 단순하다. 하지만 청진기를 능숙하게 사용하기 위해서는 오랜 동안의 지리한 훈련이 필요하다. 청진기로 듣는 소리의 특성은 청진기와 달리 매우 복잡하기 때문이다.

경험 많고 숙련된 의사들이 청진기 하나로 환자의 수많은 질병을 정확히 집어 내는 모습이 경탄스럽고 부럽긴 하지만 자신이 그렇게 되기 위해서는 각고의 노력이 필요하다는 사실에 속으로 한숨짓는 것이 예나 지금이나 학생들의 모습이다. 더욱이 온갖 첨단 진료 장비들이 청진기의 역할을 대신할 수 있는 오늘날에는 청진기 훈련이 공연한 것으로 여겨지기도 한다. 하지만 환자의 처지에서 생각해 본다면, 청진기로 진단할 수 있는 질병을 고가의 첨단 장비를 이용해 진단하는 것은 정말 공연한 낭비일 뿐이다. 청진기에는 현대 의학의 역사가 담겨 있거니와, 청진기를 대하는 의사들의 태도를 보면 그 사회 의료의 특성도 가늠할 수 있는 것이다.

황상익
서울 대학교 의과 대학 교수

서울 대학교 의과 대학을 졸업하고 동 대학원에서 의학 박사 학위를 받았다. 현재 서울 대학교 의과 대학 의사학(醫史學) 교실 주임 교수(의사학 및 의료 윤리 전공), 동 대학원 과학사 및 과학 철학 협동 과정 겸임 교수로 재직중이고, 한국과학사학회 회장, 대한의사학회 회장, 한국생명윤리학회 회장 등을 지냈다. 저서로 『재미있는 의학의 역사』, 『역사와 사회 속의 의학』, 『문명과 질병으로 보는 인간의 역사』, 『의학개론』(공저) 등이 있다.

과학적 탐구의 원천은 무엇인가?

예전에 쓴 시 한편이 있다. 어느 플라스틱 재벌이 노년에 고등학교 때의 사랑을 회상하는 시다. 그는 자기보다 200살이나 많은 여자와 사랑에 빠졌다. 그것도 노파의 피부 결에 반한 것이다! 어떻게 그럴 수 있었을까? 바로 그녀가 외계인이었기 때문이다. 그녀의 고향 별에서는 합성 수지를 재활용하는 기술이 매우 발달했는데, 페트병이나 낡은 고무 타이어 등을 활용해 멋진 피부를 재생해 낼 수 있었던 것이다. 그래서 그녀는 늘 젊고 싱싱한 피부를 유지했다. 그런데 모든 사랑 이야기가 그렇듯 기쁜 날들 뒤에는 이별이 찾아온다. 어느 날 피치 못할 사정 때문에 그녀는 자기 별로 돌아가 버린 것이다. 남겨진 남자는 어떻게 되었을까? 그는 여자에 대한 모든 추억 가운데 그녀의 너무도 고왔던 피부를 잊지 못한다. 그때부터 그는 합성 수지에 대해서 공부하기 시작한다. 바로 재활용한 합성 수지의 요술이 만들어 낸 그녀의 부드러운 피부 감촉을 단 한번이라도 다시 느껴 보기 위해서! 과연 그는 애인의 피부를 재현하는데 성공했을까? 잃어버린 연인에 대한 그리움을 추동력으로 삼는 그의 연구열은 그를 최고의 합성 수지 전문가로 만들었고, 마침내 그는 누구도 따라올 수 없는 놀라운 품질의 플라스틱을 생산해 내는 최고의 합성 수지 회사를 소유하게 되었다. 그러나 지구의 과학은 합성 수지를 재생해 젊은 피부를 만드는 외계 과학에는 200년이 뒤떨어져, 그는 결코 그녀의 피부 감촉을 다시 느껴보지 못한다. 어떤 합성 수지도 그녀의 피부 감촉을 재현해 내지는 못한다…….

왜 이런 황당한 이야기부터 시작했을까? B급 SF 영화와 삼류 연애 소설 분위기를 결합시켜 노골적인 신파조의 가능성을 한번 시험해 보고 싶었던 이 이야기가 얼마나 황당한지는 생각하지 말도록 하자. 다만 인간이 지어내는 어느 이야기에건 자신의 넓은 옷자락의 한 부분을 드리우고 있는 인간의 진실에 대해 이야기해 보자. 합성 수지를 공부해서 사라진 애인의 피부를 되살리려는 한없는 노력으로 표출되기도 하는 욕망, 즉 사라진 것을 되찾고자 하는 욕망은 인간의 근본에 속한다. 이러한 욕망은 여러 가지 방식으로 표현되었는데, 가령 마르셀 프루스트에게서는 '잃어버린 시간'을 되찾고자 하는 노력으로 현시한다. 잃어버린 시간을 되찾는 그의 작업은 '비자발적인 기억(reminiscence)'을 통해 수행된다. 그런데 비자발적인 기억을 통해 잃어버린 것을 되찾는 노력은 이미 고대인들의 열망 안에 간직되어 있던 바가 아닌가? 바로 플라톤의 '상기

(anamnisis)'가 그러한 노력의 고대적 형태이다. 상기는 우리가 망각의 강 '레테'를 지나오면서 상실한 본질, 즉 이데아(Idea)를 되찾게 해 준다.

결코 되찾을 수 없는 것, 사라진 것에 다시 생명을 불어넣고자 하는 노력은 아마도 죽은 생명체를 되살리려는 노력 속에서 절정에 도달할 것이다. 어느 민족의 신화에나 죽은 자들을 삶의 형태 안에 되돌려 놓고자 하는 시도는 발견된다. 죽은 에우리디케를 명부(冥府)로부터 되찾아 살려 내려는 오르페우스가 좋은 예이다.

모든 사람은 운명의 장난 때문에 잃어버린 소중한 것들을 결코 포기하지 않는다. 성서의 요셉 이야기를 잘 알 것이다. 형들에게 미움을 받아 에굽으로 팔려 가고, 마침내 에굽의 재상이 되는 요셉 말이다. 소설가 토마스 만은 이 요셉 이야기를 그의 최대의 장편 소설로 만들었다.『요셉과 그의 형제들』이 그것이다. 형들이 요셉을 상인들에게 팔아 버린 후 아버지 야곱에게 무어라 거짓말하는가? 요셉이 들짐승에게 죽임을 당했다고 말한다. 토마스 만이 기록하는 바에 따르면, 요셉을 너무도 사랑했던 아버지는 놀랍게도 죽은 요셉을 다시 되살리고자 한다! 마치 오르페우스처럼 말이다.

야곱은 죽은 자들이 있는 저승으로 내려가 어떻게든 요셉을 다시 데려와야지, 그 생각을 하고 있었다.……'그래, 다시 그 아이를 생산하는 거야! 가능하지 않겠어? 한번 더 그 아이를 생산하는 거야. 아이의 원래 모습 그대로! 그런 후에 아래에서 이곳으로 데려오면 되지 않을까?'

이러한 계획에 대해 야곱의 종 엘리에젤은 어떤 것도 두 번 존재할 수 없고, 창조는 오로지 신의 소관이라고 경고한다. 상실한 것을 되살리는 것, 혹시 가능하다면 그것은 바로 '신의 소관'인 것이다.

인간은 바로 이 신의 소관에 끊임없이 도전한다. 『프랑켄슈타인』의 경우도 마찬가지 아닌가? 죽음이라는 기분 나쁜 구멍으로 사라지는 인류를 다시 그 구멍으로부터 꺼내오는 것이 이 작품을 지배하는 주제인 것이다. 비교적 최근의, 아널드 슈워제네거가 주연한 영화 「6번째 날」도, 작품성과는 별도로, 바로 사라진 것에 다시 생명을 불어넣으려는 인간의 욕망을 다루고 있다. 영화의 첫 부분에 나오는, 죽은 애완 동물들을 재생시키기 위해 세포를 복제하는 회사들이 보여 주듯이 말이다.

죽은 자를 불러오려는 심령술 또한 예외 없이 이러한 욕망을 표현하고 있다. 토마스 만의 또 다른 작품으로 『마의 산』이 있다. 이 소설은 결핵 환자들의 요양소를 배경으로 하고 있다. 용감한 군인이던 요하임 짐센은 이 요양소에서 결핵으로 죽는데, 사람들은 심령술을 이용해 급기야 그의 영혼을 불러내기에 이른다. 한때 많이 읽혔던 한 대중 소설도 비슷한 예를 가지고 있다. 박종화의 역사 소설 『다정불심(多情佛心)』에서도 죽은 자를 명부로부터 다시 불러내려는 애를 쓰는 자가 있으니, 바로 노국공주의 죽음을 애통해 하는 고려의 공민왕이 그이다.

도처에서 죽은 이들은 되살아난다. 그리고 사라진 것 또는 죽어버린 것을 되찾으려는 이러한 인간의 집요한 욕망은 인간이 무엇

때문에 고통받는지에 대해서 잘 알려 준다. 바로 인간은 소멸하기 때문에 고통스러워하는 것이다. 필멸하는 인간은 사라지는 것을 고통스러워하며, 어떤 의미에서 생전 그의 모든 노력은 이 고통을 해결하고 영원성을 달성하는 데 전적으로 집중되어 있다고 해도 과언이 아니다.

그런데 우리의 관심을 끄는 것은 바로 이러한 불멸성에 대한 욕망 또는 필멸하는 것에 대한 고통을 해결하기 위해 인간은 도대체 무엇에 의존하려 하느냐는 것이다. 그것이 바로 '과학'이다. 프랑켄슈타인을 되살리기 위해 필요한 것도 과학이고, 죽은 애완견을 복제하기 위해 요구되는 것도 과학이며, 사라진 애인의 피부를 복원하기 위해 공부해야 하는 것도 과학이다. 우리는 바로 과학을 통해 신의 소관인 과업에 도전하고 있는 것이다.

이 자리에서, 과학이 신의 소관에 도전해도 되느냐는 등의 질문이 겨냥하는 과학의 윤리성 문제를 성급히 끄집어 내려는 것은 아니다. 오히려, 불멸에의 욕망이 과학을 요구한다는 지금까지의 이야기로부터 우리의 관심을 끄는 것은 '과학적 탐구의 원천'이다. 도대체 과학적 탐구는 언제 시작되는가? 언제 우리는 세계와 우주에 대해서 질문을 던지게 되는가? 이렇게 질문을 던질 수 있는 가능성은, 칸트에 따르면 인간 이성의 '소질'에 달려 있다. 칸트는『순수이성비판』의 첫머리에서 이렇게 말한다.

인간 이성은 어떤 종류의 인식에 있어서는 특수한 운명을 지니고 있다. 즉 이성은 자신이 거부할 수도 없고, 그렇다고 대답할 수도 없는 문제로 괴로워하는 운명이다. 거부할 수 없는 까닭은 문제가 이성 자체의 본성에 의해서 이성에 부과되어 있기 때문이요, 대답할 수 없음은 그 문제가 인간 이성의 모든 능력 바깥에 있기 때문이다.

도대체 무엇 때문에 이성은 괴로워하는가? 바로 이성이 대답할 수 없는 문제 때문에 괴로워한다. 우리가 앞서 다루었던 문맥 위에서 이야기하자면, 이성은 우리의 불멸성(이것을 우리 영혼의 '영원성'이라 바꾸어 불러도 좋을 것이다.)이 어떻게 달성될 수 있는지 모르기 때문에 괴로워한다. 다르게 표현하면, 영원성에 대한 '경험'을 어떻게 할 수 있을지 몰라 답답해한다. 그렇다고 이성은 이런 영원성에 관한 자신의 관심을 없애 버릴 수도 없다. 그런 관심은 이성의 본성에 속하는 것이기 때문이다.

이런 상태를 우리는 '무지(無知)'라고 부를 수 있지 않을까? 어떤 것에 대해 알지 못하면서 그것에 대한 관심을 근절할 수도 없는 상태 말이다. 소크라테스가 탐구의 출발점에서 늘 강조했던 것도 바로 이런 무지였다. 그것은 그야말로 의혹을 가지고 세계에 대해 질문을 던지게 하는 능력이라 부를 수 있는 것이다. 플로베르 또한 이 점을 잘 알고 있었다. 근대인들의 정열적 탐구 이야기를 담고 있는 소설인『부바르와 페퀴세』에서 그는 이렇게 말한다. "그래서 그들의 정신 속에는 어떤 인식 능력, 어리석음을 보고는 더 이상 그것을 참아 내려 하지 않는 어떤 가련한 인식 능력이 자라났다." 우리는 우리의 무지를 참아 낼 수 없기 때문에 세계에 대해 질문을 던지고 탐구를 시작하는 것이다. 그렇다면 무지야말로 탐구 활동의 바탕에 있는 인식 능력이 아니겠는가?

이러한 우리의 문지를 형성하는 것의 정체에 좀 더 근접해 보기로 하자. 앞서 보았듯 이성은 특수한 개념들(가령 우리 자신의 '불멸성' 또는 '영원성')에 대해서는 그것에 대응하는 '경험'을 할 수 없다. 야곱처럼 죽은 아들을 영원성 속에 붙들어 둘 수도 없고, 외계인 애인의 멋진 피부를 합성 수지를 가공하는 첨단의 기술을 통해 눈앞에 재현할 수도 없다. 그러나 결코 그러한 개념들을 잊지는 못하고, 그것들에 대해 늘 생각하는 운명이다. 지식의 대상(경험의 대상)일 수는 없으나 계속 그것에 대해 생각할 수밖에 없도록 만드는 것에 합당한 이름은 무엇인가? 바로 '이념(Ideal)'이다. 우리 사유에 원천을 두며 그것에 대응하는 경험을 가질 수 없는 것은 오로지 생각거리로 머무는 것, 곧 '이념'이라는 말에 합당한 것이다. 그리고 바로 이렇게 이념이 그것에 대한 감각적 경험(sensible experience)을 허락해 주지 않는다는 점에서 이념은 우리를 무지하게 만드는, 우리 마음 안에만 있는 요소이다.

이런 이념이 마음속에 없다면 세계에 대한 의구심도, 그리고 그 의구심을 풀기 위한 과학적 사유도 인간에게는 생겨나지 않을 것이다. 영원성의 이념이 없다면, 어떻게 생명을 영원히 연장시킬 수 있을 것인가에 대한 연구도 탄생하지 않을 것이며, 전체성의 이념이 없다면, 우주가 어떻게 시작돼서 어떻게 종말을 맞는가 하는, 우주 전체를 총괄적으로 이해해 보려는 시도 또한 생겨나지 않을 것이다. 이렇게 모든 과학적 탐구의 원천에는 '이념을 취급하는 고유한 능력'으로서 마음이 자리잡고 있다.

여기서 생각해 볼 수 있는 흥미로운 문제는 이런 것이 아닐까? 이념은 단지 과학적 탐구의 추진력인가, 아니면 그것 자체가 과학적 지식의 대상이 될 수 있는가? 보다 구체적인 맥락에서 이 질문을 다시 던져 보자. 영원성 또는 불멸성의 이념은 인간이 어떻게 영원한 생명을 가질 수 있는지에 대한 관심을 촉발한다. 이런 점에서 그 이념은 생명 과학의 추진력의 지위를 가진다. 그러나 과연 생명의 영원성은 경험 가능한 것이 될 것인가? 바꾸어 말해 우리는 생명의 영원성에 대한 과학적 지식을 확보할 수 있을 것인가? 이 작은 지면에서 이념이 과학적 탐구의 추진력의 지위를 가지는 것인지, 아니면 한 걸음 더 나아가 그 자체 과학적 지식이 될 수 있는 것인지 확정하려는 시도는 어리석은 짓일 것이다. 다만 칸트처럼 이념에 대한 과학적 지식을 확보하는 일을 애초에 단념했던 입장을 넘어서, 과학적 지식의 한계를 끊임없이 넓혀 가는 시도들 안에 간직된 인간의 운명에 대해서만 말해 두고 싶다.

플라톤이 이념(Ideal)에 대한 '상기(anamnisis)'를 시도한 이래, 인간은 끊임없이 자신의 한계를 넘어서 이상(Ideal)에 도달하고자 했다. 이상을 단지 생각해 보는데 그치는 것이 아니라, 그것을 경험하고 현실화(actualization)하려고 했다. (이념 내지 이념의 법칙은 '가능한 것'이어서는 안되고 '현실적인' 것이어야 한다고 생각한 헤겔 역시 마찬가지다.) 수많은 과학이 추락하는 이카루스처럼 이상에 도달하지 못하고 떨어져 내렸다. 언젠가 과학은 인간의 '이상'에 도달할 수 있을 것인가? 또는 '이상'을 과학적 지식으로 만들려는 시도는 영원히 인간에게 허락되지 않는 이성의 '월권'인가?

인간의 운명은, 이상을 쫓는 과학이 월권을 저지르고 있는 것인지, 아니면 자신에게 허락된 지식의 대상을 향해 '합법적인' 경주(傾注)를 하고 있는지 그저 여전히 시험해 보고 있는 중이다. 이것은 한 가지 놀라운 깨달음으로 우리를 이끌지 않겠는가? 과학적 탐구가 월권을 저지르고 있는 것인지, 합당한 자기 궤도를 주행하고 있는 것인지를 판정해 줄 '과학 내부의' 진정한 법정은 왜 존재하지 못하는가에 대한 깨달음, 왜 '과학 바깥의' 윤리 위에 과학이 설 수밖에 없는지에 대한 깨달음 말이다.

서동욱
서강 대학교 철학과 교수

서강 대학교 철학과 및 동 대학원을 졸업한 후 벨기에 루뱅 대학 철학과에서 석사와 박사 학위를 받았다. 1995년《세계의 문학》과《상상》봄호에 각각 시와 평론을 발표하면서 등단한 후 여러 책을 펴냈으며, 서울 대학교, 서울 예술 대학, 연세 대학교, 홍익 대학교 등에서 철학과 문학을 강의를 했다. 서강 대학교 철학과 교수로 있으며 계간《세계의 문학》편집 위원으로도 활동 중이다.

수학을 아름답게 하는 것들

1. 당연한 것을 증명한다

이등변 삼각형의 두 밑각은 같다. 1828년 가을 에바리스테 갈르와는 파리에 있는 에콜 폴리테크닉(École Polytechnique)의 입학 시험 면접 교수 앞에 앉아 있었다. 면접 교수가 물었다.

"이등변 삼각형의 두 밑각이 같다는 것을 어떻게 증명하지?"

"그건 명백합니다."

면접 교수는 인자한 웃음을 머금었다.

"명백한 것을 증명하는 게 수학이란다. 다시 한번 생각해 볼래?"

"너무나 명백해서 생각해 볼 것도 없습니다."

면접 교수의 얼굴에서 웃음기가 사라졌다.

"아니, 명백한 것을 증명하는 게 수학이라니까?"

훗날 '갈르와 이론(Galois theory)'를 완성해 "5차 방정식에는 근의 공식이 없다."라는 유명한 명제를 증명하게 되는 갈르와는 자존심이 상한다는 듯이 대꾸했다.

"제게 이렇게 명백한 걸 증명하라고 하시다니 교수님도 참 답답하시군요. 이건 모욕입니다."

(이런 이유로 갈르와는 에콜 폴리테크닉 입학 시험에 떨어지고 말았다고 한다.)

1975년 중학교 2학년이었던 대부분의 우리 반 친구들에게도 이 질문은 모욕이었다.

"아니, 뭐 이런 걸 다 증명하라고 그래? 이등변 삼각형을 그냥 접어보면 금방 아는 거 아냐? 우릴 도대체 뭘로 보는 거야? 우리가 짱구인 줄 알아?"

아마도 이때쯤 대부분의 내 친구들이 수학을 싫어하기 시작했던 것 같다. 도대체 당연한 것을 증명하라니……. 그런데 믿거나 말거나 나는 이때부터 수학이 좋아졌다. 너무나도 당연한 사실을 '삼각형의 합동 조건'을 사용해 엄밀하고 명쾌하게 증명하는 것이 한없이 멋있어 보였기 때문이다. 따라서 나는 그런 질문을 '모욕'으로 여기지 않고 '영광'으로 여겼다. 그러니까 '나의 영광'은 '갈르와의 모욕'과 '내 친구들의 모욕' 사이에 존재했던 것이다.

그렇다면 왜 이렇게 '당연한 것을 증명하는' 일이 필요한 것일까?

0.99999…=1 이다. 1970년대 초반 고교 야구 최고의 스타는 경북 고등학교의 남우식이었다. 스피드건이 없던 시절이지만 추정 시

속 150킬로미터가 넘는 강속구를 앞세워 천보성, 배대웅, 정현발, 손상대와 함께 경북 고등학교 전성 시대를 열었다. 그렇지만 내게는 중앙 고등학교의 윤몽룡이 가장 빛나는 별이었다. 그의 공은 남우식만큼 빠르진 않았지만 충분히 빠르고 무겁고 변화무쌍했으며, 무엇보다도 사나이다운 두둑한 배짱이 있었다.

그러나 내가 그에게 열광했던 가장 결정적인 이유는 중요한 때에 큰 것 한 방을 터뜨리는 그의 폭발적인 타격 때문이었다. 내가 기억하기에 그는 고교 시절 만루 홈런만 일곱 방을 터뜨렸다. 생각해 보라. 만루 홈런만 일곱 방이라니……. 1980년대 초반 박노준이 나타나기 전까지 그보다 더 내 가슴을 뛰게 했던 야구 선수는 없었다. (윤몽룡은 1984년 두산 베어즈 코치 시절 백혈병으로 타계했다.) 윤몽룡을 통해 야구의 멋에 흠뻑 빠져든 나는 서울 운동장을 수놓았던 수많은 고교 야구 스타들의 경기를 보며 주요 선수들의 타율과 방어율을 열심히 계산해 보곤 했다. 그리고 그런 경험이 중학생이 되었을 때 수학 공부에 '조금은' 도움을 줬다.

다시 중학교 2학년 때의 기억을 더듬어 보자. 그때 우린 유한소수, 무한소수, 순환소수…… 이런 것들을 배우고 있었다. 특히 분수(유리수)를 소수로 표시하는 법과 소수를 분수로 표시하는 법을 집중적으로 배웠다. 이 모든 것의 기본은 $0.33333333\cdots = \frac{1}{3}$이라는 사실이었다. 나는 이 사실을 너무나 쉽게 받아들일 수 있었다. 왜냐하면 이건 3타수 1안타일 때의 타율이기 때문이다. (물론 이건 27타수 9안타일 때의 타율도 된다.) 그뿐인가? , $0.4444\cdots = \frac{4}{9}$, $0.16666\cdots = \frac{1}{6}$,

$0.285714285714\cdots = \dfrac{2}{7}$ 같은 고난이도(?) 타율도 익숙했다. 그래서 분수를 소수로, 소수를 분수로 표시하는 일은 아주 익숙하고 쉬운 일이었다.

그런데 뭔가 이상했다. 수학 시간에 배운 대로 하면 $0.99999999\cdots =$ 1이 된다. 나는 다른 것은 다 받아들여도 이것만은 받아들일 수가 없었다. 아니, 어떻게 그럴 수가 있어? '타율 10할'과 '타율 9할 9푼 9리 9모……'가 같아? 에이, 그럴 리가 없잖아? '타율 10할'은 나올 때마다 안타를 치는 거고, '타율 9할 9푼 9리 9모……'는 어쩌다가 한 번은 못 치는 거 아냐? 아니, 그러니까 무한히 많은 숫자만큼 타석에 들어서서 무한히 많은 타수를 기록한다면…….

다행히도 나 같은 생각을 했던 사람들이 수천 년 전에도 많이 있었던 모양이다. 소위 '소피스트(sophist)'가 그들이다. 그들은 아킬레우스는 토끼를 잡지 못한다고 주장했다. 그들의 논리는 다음과 같았다.

아킬레우스가 토끼보다 10배 빠르다고 하자. 아킬레우스가 토끼가 처음 있던 자리까지 따라 잡으면 토끼는 이미 10분의 1만큼 도망쳐 있다. 아킬레우스가 다시 따라 잡으면 토끼는 또 10분의 1만큼 도망쳐 있다. 아킬레우스가 다시, 다시 따라잡으면 토끼는 또, 또 10분의 1만큼 도망쳐 있다. 그러므로 아킬레우스와 토끼 사이의 거리는 언제나 그 이전의 거리의 10분의 1만큼 남아 있게 된다.

영화 「아이큐(IQ)」에서 아인슈타인의 조카로 나오는 맥 라이언은 파티에서 만난 훈남 팀 로빈스를 유혹하며 다음과 같이 얘기한다.

내가 당신에게 반만큼 다가가면 우리 사이에는 반만큼의 거리가 남게 되죠. 내가 다시 그 거리의 반만큼 다가가면 우리 사이엔 아직 반의 반 만큼의 거리가 남게 되죠. 내가 다시, 다시 그 거리의 반만큼 다가가면 우리 사이엔 아직, 아직 반의 반의 반 만큼의 거리가 남게 되죠. 그래서 우린 영원히 만날 수가 없어요.

그러나 현실을 보면 아킬레우스는 토끼를 따라잡고 맥 라이언은 팀 로빈스에게 안기고 만다. 이건 당연하고도 명백한 사실이다. 아니, 도대체 이게 어떻게 된 거야? 이렇게 우리는 당연하고 명백한 사실이라고 생각하는 것에 대해서도 혼란에 빠질 때가 많다. 그래서 당연한 것도 엄밀하게 증명할 필요가 생기는 것이다.

그럼 어째서 0.99999999… = 1일까? 중학교 2학년 때 수학 선생님께서는 이렇게 설명해 주셨다. 0.99999999…를 α라고 하자. 만일 α가 1보다 작다면 $\varepsilon = 1-\alpha$가 0보다 크다. 그런데 N을 충분히 크게 하면 $\frac{1}{10^N}$을 ε보다 작게 만들 수 있다. 그러니까 $\beta = 0.999…9$ (9가 N개)라고 하면 $1-\beta = \frac{1}{10^N}$이 ε보다 작게 된다. 즉, $1-\beta < 1-\alpha$이다. 따라서 $\alpha < \beta$이다. 그런데 이건 명백한 모순이다. 그러므로 $\alpha = 0.99999999…$는 1과 같다.

나중에 다시 생각해 보니 그때 우리 수학 선생님께서는 수열과 함수의 극한을 엄밀하게 다루는 '입실론-델타 (ε-δ) 논법'을 사용하신 것이었다. 이렇게 당연한 것을 엄밀하게 증명했기 때문에 아킬레우스는 토끼를 따라잡을 수 있었고, 맥 라이언은 팀 로빈스의 품에 안길 수 있었으며, 뉴턴과 라이프니츠는 미적분학을 발명할 수 있었던 것이다.

2. 터무니없는 것을 주장한다

어린 왕자: 코끼리를 잡아먹은 보아뱀. 그렇지만 수학의 진짜 매력은 "터무니없는 것을 옳다고 주장하는" 데 있다. 아, 물론 그 주장을 '엄밀하게(!)' 증명할 수 있어야 한다. 대학교 1학년 수준의 미적분학을 가르칠 때마다 나는 이렇게 질문한다.

"다음 그림을 보고 무슨 생각이 떠오르는가?"

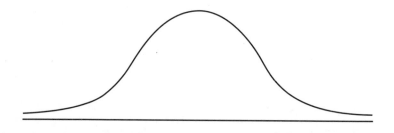

서울 대학교 학생들에게서 제일 먼저 튀어나오는 대답은 "관악산"이다. 나는 그 어린 백성의 촌스러움을 가혹하게 질타하며 다음 대답을 기다린다. 그러면 "정규 분포 곡선"이라는 대답이 나온다. 그 대답을 한 어린 백성 역시 가차 없는 비아냥거림을 듣는다. "넌 공부 진짜 잘 하나 보다. 이과 맞지? 음, 역시 이과야." 이렇게 박살이 난 다음에야 비로소 "모자"라는 조금 진화한 대답이 나온다. 이제 야 드디어 희망이 조금 보이는 것이다. 그렇다면 정답은? 그렇다. 생 텍쥐페리의 소설 『어린 왕자』에 나오는 대로 "코끼리를 잡아먹은 보아 뱀"이다. 수학을 공부하려면 이 정도의 문학적 교양과 상상력 은 필수다.

그런데 만일 이 보아뱀을 반으로 잘라 (그럼 코끼리까지 같이 잘라질 텐데 생각만 해도 징그럽다.) 그 단면적을 구해 보면 얼마나 될까? 일단 보아뱀 을 나타내는 곡선의 방정식은 $y=e^{-x^2}$이다. 게다가 그림을 보면 보아 뱀의 길이는 무한대이다. (그런 뱀이 어디 있느냐고 묻지 마라. 수학은 원래 이렇게 이 상적인 상황을 가정하고 하는 것이다.) 그러니까 우리가 알고 싶은 것은 곡선 $y=e^{-x^2}$과 x축으로 둘러싸인 부분의 넓이다. 그런데 이걸 어떻게 구 하더라?

우린 고등학교 시절에 이를 구하는 일반적인 방법을 이미 배웠 다. 잠시 기억을 되살려 보자. 연속인 함수 $y=f(x)$와 직선 $x=a, x=b$ 로 둘러싸인 부분의 넓이를 S라고 하자. (편의를 위해 $y \geq 0$이라고 가정한다.) 구간 $[a, b]$를 아주 잘게 나눈 뒤 각 구간의 크기를 밑변으로 그 구 간에서 f의 최소값을 높이로 하는 직사각형의 넓이의 합을 L, 각 구간의 크기를 밑변으로 그 구간에서 f의 최대값을 높이로 하는 직사각형의 넓이의 합을 U라고 하자. 그러면 $L \leq S \leq U$이다. 이때 구 간의 크기를 한없이 작게 하면 $L=S=U$가 되고, 우리는 그 값을 'a 에서 b까지 f의 정적분'이라고 부르며, 그 값을 $\int_a^b f(x)dx$라고 쓴다.(라고 배웠다.) 이것만이 아니다. 우리는 운이 좋을 경우 이 값을 계산할 수도 있다. f의 '원시함수(anti-derivative)'를 F라고 하면 (즉, F를 미분한 함수가 f라고 하면) 우리는 다음과 같은 위대한 정리를 만나게 된다.

$$\int_a^b f(x)dx = F(b) - F(a)$$

우리는 이 정리를 '미적분학의 기본 정리(Fundamental Theorem of Calculus)'라고 부르며 우상처럼 숭배한다. 이 정리 덕분에 우리는 곡선 $y=f(x)$와 직선 $x=a$, $x=b$로 둘러싸인 부분의 넓이를 계산할 수 있다. 만일 곡선 $y=f(x)$와 x축으로 둘러싸인 부분의 넓이를 구하고 싶다면 $\int_{-a}^{a} f(x)dx$의 값을 구한 뒤 a를 ∞로 보내면 된다.

따라서 '코끼리를 잡아먹은 보아뱀'의 단면적은 다음 정적분값과 같고,

$$\int_{-\infty}^{\infty} e^{-x^2}dx$$

그 값을 계산하려면 함수 $f(x)=e^{-x^2}$의 원시함수를 구해 '미적분학의 기본 정리'를 적용하면 된다. 그런데 바로 이게 문제다. 고등학교 때 수학을 좋아했던 이과 학생이라면 이 함수의 원시 함수를 구해보려고 시도한 적이 한두 번은 있을 것이다. 그러나 불행하게도 우리가 그때까지 배운 모든 테크닉(부분적분, 치환적분, 기타 등등)을 동원해도 이 함수의 원시함수는 구할 수 없다. 먼(?) 훗날 대학교 1학년이

되어 미적분학을 배울 때, 그중에서도 '이중적분'과 '극좌표 치환 적분'을 배울 때 홀연히 이 문제가 다시 등장해 우리의 궁금함을 해소시켜 준다. 자세한 설명은 생략한 채 계산 과정만 돌이켜 보면 다음과 같다.

$$\left(\int_{-\infty}^{\infty} e^{-x^2} dx\right)^2 = \lim_{a\to\infty} \left(\int_{-a}^{a} e^{-x^2} dx\right)^2 = \lim_{a\to\infty} \left(\int_{-a}^{a} e^{-x^2} dx\right)\left(\int_{-a}^{a} e^{-y^2} dy\right)$$
$$= \lim_{a\to\infty} \iint_{R_a} e^{-x^2-y^2} dxdy = \lim_{a\to\infty} \int_0^{2\pi} \int_0^a e^{-r^2} rdrd\theta$$
$$= \lim_{a\to\infty} \int_0^{2\pi} \left[-\frac{1}{2}e^{-r^2}\right]_0^a d\theta = \lim_{a\to\infty} 2\pi \times \frac{1}{2}(1-e^{-a^2}) = \pi$$

그러므로 코끼리를 잡아먹은 보아뱀의 단면적은

$$\int_{-\infty}^{\infty} e^{-x^2} dx = \sqrt{\pi}$$

가 된다. 어떤가? 놀랍지 않은가? 1차원 적분을 2차원 적분으로 확장해 증명하다니…… 역시 사람은 차원 높게 살아야 해. 그러나 내가 이 등식을 처음 보고 깊이 감동했던 이유는 왼쪽과 오른쪽이 너무나 달라 보였기 때문이다. 아니, 이렇게 터무니없는 얘기가 있나? 쟤네들 완전히 다른 세상에 사는 동물인 줄 알았는데 알고 보니 같은 거야?

게다가 이렇게 터무니없는 사실이 그냥 아름답기만 한 게 아니라 수많은 응용을 가지고 있다. 그 순진하고 모범적인 서울 대학교 이과 학생들의 말처럼 이 식을 조금만 변형하면 '표준 정규 분포 곡선'을 얻을 수 있다. 그러니까 이 터무니없는 등식 덕분에 사람들은 선거 때마다 결과를 예측할 수 있고, 보험 상품을 개발할 수 있으며, 수능 시험의 표준 점수를 계산할 수 있는 것이다.

너무나 다른 두 개의 세상이 알고 보면 같다. 이렇게 터무니없는 것을 주장하고 증명함으로써 '수학적 아름다움'을 발견한 예는 무수히 많다. 다니야마와 시무라는 "타원 곡선(elliptic curve)의 세상과 보형형식(modular forms)의 세상이 같음"을 주장했고, 앤드루 와일즈는 이 터무니없는 주장을 증명함으로써 '페르마의 마지막 정리'를 증명할 수 있었다. 또한 콘웨이와 노턴은 "유한군(finite group)의 표현론(representation theory)과 보형함수 이론(theory of modular functions)이 밀접하게 연관되어 있다"고 주장했는데, 그들 스스로도 그 예측을 '터무니없는 예측(Moonshine conjecture)'이라고 부를 정도였다. 이것을 증명한 리처드 보처즈는 1998년 필즈 메달을 받았다. 내가 연구하는 표현론(representation theory)의 매력 또한 대수적 구조를 기하학적, 조합론적으로 해석해 새로운 터무니없는 주장을 이끌어 내는데에 있다.

결국 수학을 아름답게 하는 것은 "너무나 달라 보이는 두 개의 범주(category)가 '알고 보면(!)' 동등(equivalent)하다."라는 것을 주장하고 엄밀하게 증명하는 것이다. 그리고 그 감동의 크기는 그 주장이 얼마나 터무니없는가에 비례한다. 아, 물론 '엄밀하게(!)' 증명할수 있어야 한다.

강석진

서울 대학교 수리과학부 교수

서울 대학교 수학과를 졸업하고 예일 대학교 수학과에서 석사 및 박사 학위를 받았
다. 노스캐롤라이나 주립 대학교, 노트르담 대학교, 고등 과학원 수학부 등을 거쳐
현재 서울 대학교 수리과학부 교수로 있다. 제2회 젊은 과학자상(1999년), 제10회
한국과학상(2006년), 제7회 대한민국최고과학기술인상(2009년) 등을 수상했다.

마음으로 본다

지금부터 40년 전쯤의 일이다. 대학 선배와 함께 겨울 산행을 떠났다가 절 옆으로 흐르는 계곡 위쪽에서 스님 한 분이 소매를 걷어 부치고 먹을거리를 준비하는 모습을 보았다. 헝겊 조각을 덧대 기워 입은 승복의 뒷모습을 보고 젊은 혈기에 선배가 불쑥 한 마디 물어보았다.

"스님, 그것만 드시고 괜찮으신지요?"

잠깐 동안 침묵이 지나간 다음에 대답이 돌아왔다.

"사람이 밥만 먹고 살 수 있나요."

"……"

스님의 멋진 대답에 할 말을 잃고 슬며시 대화의 꼬리를 내린 채 물러설 수밖에는 도리가 없었다.

그 후에도 스님의 한 마디가 뇌리에서 쉽게 지워지지 않았고, 궁금한 것에 대해서도 이런저런 여러 가지 생각을 스스로 많이 해 보게 되었다. 우리가 먹는 음식만 하더라도 단백질이 많은 고기만이 좋은 음식이라고 할 수는 없다. 사람에게는 탄수화물을 포함한 음식이 주식이라는 사실은 당연한 일이고, 고기 대신에 현미밥과 채소만 먹고살아도 건강을 지킬 수 있다는 사실을 알고는 그렇게 살아가는 사람도 많이 있다. 게다가 사찰에서 주로 먹는 음식을 요즈음에는 웰빙(well being) 음식이라고 해 많은 사람들이 원하지 않는가! 사람의 생각이 바뀌면 행동까지 바뀔 수 있는 것처럼, 잘못 알려진 사실을 제대로 알게 되면 사람들은 자신은 물론 생활까지도 바꿀 수가 있다. 이처럼 생각의 변화는 사람들의 생활을 발전시키는 것은 물론이고 사회와 문화 발전까지 이루어 낼 수 있다.

대학에 다니면서 내가 전공으로 선택한 분야는 생물학이었다. 학부 시절에는 대학원 과정과 달리 생물학에 대한 전반적인 내용만 배우고 지나갔지만, 대학원에 진학하면서부터는 눈에 보이지 않는 작은 크기의 미생물(微生物, microorganism)을 대상으로 공부했다. 지금까지도 변함없이 미생물에 대한 연구 범위에서 멀리 벗어나지 못하고 있는 나에게 미생물에 관심을 가진 사람이라면 으레 현미경 이야기를 먼저 꺼내기 마련이다.

"미생물 연구를 하자면 수시로 현미경(microscope)을 보겠군요?"라면서 이야기를 시작하는 경우가 많다. 그에 대한 대답으로 "예, 그렇지만 보는 것만으로는 충분하지 않습니다. 더욱이 저는 세부 전공이 바이러스라 현미경을 그렇게 자주 보지는 않습니다."라고 말하면, 곧이어 "그렇다면, 바이러스를 볼 수 있는 전자 현미경은 자주 보겠군요. 그런데 전자 현미경은 크기도 크고 값도 비쌀 터인데……."라고 하면서 바이러스에 대해서까지 지속적인 관심을 내보이며 궁금증을 풀어 보고자 한다.

그렇다! 사람들은 어느 한 가지 사물에 대해 궁금증을 가지면 우선 눈으로 확인부터 하고자 한다. 보는 것만큼 확실한 것은 없으니 이것은 너무나도 당연한 일이다. 사람의 눈으로도 볼 수 없는 작은 크기의 미생물에 대한 궁금증을 풀기 위해서는 우선 현미경을 이용해 미생물 형태를 확인해 보아야 한다. 보통 수 마이크로미터(㎛) 크기의 세균(bacteria)을 1000배 배율의 현미경으로 본다면 그 크기는 수 밀리미터(㎜) 크기에 불과하다. 1000배라고 하면 굉장히 높은 수치라고 생각하기 쉽지만, 1000배 배율의 현미경 속에 보이는 수 밀리미터 크기의 미생물을 보면서 한눈에 어떤 미생물 종류인지 구분하기는 거의 불가능하다. 그래서 미생물 종류를 확실히 구분하기 위해서는 미생물이 지닌 생리적인 특징을 확인해 보는 또 다른 방법을 이용해야 한다.

어떤 한 종류의 미생물이 가진 생리적인 특징을 알아보자면 우선 대상으로 하는 미생물이 어떤 종류의 먹이를 먹고사는지 확인하는 일이 필요하다. 수많은 종류의 먹이를 구분해 미생물에게 먹여 보면서, 이제까지 알려진 미생물 종류와 같은지 다른지를 비교하며 확인해 보아야 한다. 모든 미생물들이 먹고살 수 있는 몇 가지 필수 영양분을 한 군데에 넣어 준 먹이를 우리는 완전 배지(complete media)라고 부른다. 이에 비해 특별한 한 가지 먹이만 넣어 주고 그 것을 먹을 수 있는지 없는지를 확인하는 것을 선택 배양(selective culture)라고 하는데, 여기에서 이용하는 먹이를 선택 배지(selective media)라고 부른다.

아무리 간단한 하나의 세포로 이루어진 미생물이라 하더라도 그들이 가진 성질을 이해하는 것은 결코 쉬운 일이 아니다. 단순해 보이는 먹이 문제만 살펴보더라도 서로 비슷해 보이는 미생물 종 류들이 먹이를 구분해서 먹는 아주 까다로운 성질을 보이기 때문 이다. 또한 하찮아 보이는 작은 크기의 미생물들이 보여 주는 특별 한 성질을 결코 함부로 다룰 수가 없다. 별 볼일 없어 보이는 미생물 들이 보여 주는 특별한 성질을 아무리 우리가 배우고 익히려 해도 쉽지가 않다. 물론 이들이 지니고 있는 특별한 성질을 잘 이해할 수 만 있다면 우리는 언제 어디서든지 이들을 유용하게 이용할 수 있 을 것이다. 학부 시절 때부터 지금까지 내가 줄곧 이들에게 가까이 다가가고자 노력하고 있지만, 미생물은 아직까지도 나에게 자신의 속마음을 훤히 드러내지 않고 있는 신비한 존재이다.

요즈음에는 미생물에 대한 사람들의 관심이 옛날보다 훨씬 많 아서인지 초등학생들조차도 미생물의 존재를 잘 알고 있다. 그래서 인지 과학 다큐멘터리를 만드는 텔레비전 방송국에서도 미생물을 매력적인 방송 프로그램 소재의 하나로 생각하고 있다. 그렇지만 미생물을 프로그램 소재로 다루기에는 우선 크기가 작다는 어려 움이 뒤따른다. 그러다 보니 어떻게 미생물에 대한 사진을 찍고 이들을 설명할 것인지에 대해 많이 어려워한다. 미생물에 대한 설명이 어렵기는 해도 제작진에서는 요즈음의 텔레비전 프로그램은 모두가 컬러 방송이니, 미생물 다큐멘터리도 당연히 컬러 방송이어야 한다고 생각한다.

미생물에 대한 그림이나 사진이 컬러여야 한다는 생각에 무리가 있다는 것은 아니다. 우리 눈으로 볼 수 있는 모든 사물이 컬러로 보이는 만큼 크기가 작은 미생물이라 하더라도 본래의 모습은 당연히 컬러일 것이라고 생각하는 것이 당연하기 때문이다. 그러나 우리는 미생물을 맨눈으로 볼 수 없고 현미경이라는 기구를 사용해야 하는데, 현미경으로 보는 미생물이 과연 컬러 영상인가라는 점에서 의문이 생긴다. 현미경으로 미생물은 볼 때에는 더 잘 보기 위해 미생물을 미리 염색약으로 염색하는 경우가 많다. 그러기에 현미경으로 보는 미생물 모습은 염색한 색깔이 보이는 것이므로 처음부터 미생물의 색깔이 총천연색이라는 생각은 그저 우리의 상상에 불과한 것이라 할 수 있다.

한편 미생물의 한 종류로 꼽아 주는 바이러스는 미생물 가운데에서도 그 크기가 아주 작아서 성능이 좋은 현미경으로도 볼 수 없는 그야말로 초현미경적(super-microscopic)인 크기이다. 그러기에 바이러스는 배율이 수십만 내지 수백만인 전자 현미경이라는 특별한 기구를 이용해야만 그 존재를 확인할 수 있다. 바이러스의 일반적인 크기는 나노미터(nm) 단위이므로 보통 10만 배 또는 100만 배의 배율로 확대해야 비로소 우리 눈으로 볼 수 있는 크기로 커지기 때문이다.

빛 대신에 전자의 흐름을 이용하는 전자 현미경으로 바이러스 입자를 확인하기 위해서는 현미경의 경우와 마찬가지로 관찰 대상으로 하는 바이러스 입자를 특수하게 처리해야만 한다. 예를 들자면 바이러스 입자 위에 중금속 입자를 덮어씌워 직진하는 전자들이 튀어나간 흔적을 영상으로 포착하는 것이 전자 현미경의 원리이다. 그러기 때문에 바이러스 입자의 전자 현미경 사진은 어쩔 수 없이 음영만 뚜렷이 구별되는 흑백 영상으로 나타날 수밖에 없다. 그런데 우리가 보는 현미경이나 전자 현미경 사진 가운데에는 가끔 총천연색으로 보이는 것들이 더러 있다. 이들 사진은 정확히 말하자면 컬러를 덧씌우는 작업을 한 것이라고 보아도 틀림이 없다. 그만큼 요즈음에는 컬러 작업을 할 수 있는 컴퓨터 기술이 발전되었기에 가능한 일이다.

사진으로 얻은 영상에 섬세한 컬러 작업을 더해 현란한 색채로 대상물 모습을 바꾸어 놓았다고 하더라도, 사람들이 그러한 결과물을 제대로 이해하지 못하고 어색하게 느낀다면 차라리 흑백 상태로 그냥 놔 두는 것이 더 좋을 수도 있다. 그래도 사람들이 컬러 작업을 거친 사진을 그런 대로 무리 없이 받아들이는 것은 바이러스의 컬러 형태가 그만큼 바이러스가 가진 원래의 모습에 가깝다고 생각하기 때문일 것이다. 비록 크기가 작은 미생물이거나 심지어는 훨씬 더 작은 바이러스라 하더라도 자연에서 존재하는 본래의 모습은 아무래도 흑백이기보다는 오히려 제 나름대로의 고유한 색깔을 가졌으리라는 생각이 앞서기 때문이다. 비록 영상으로 보이는 사진에 컬러 작업을 했다고 하더라도 너무나 요란하게 화려한 색을 입힌다면 사람들은 그에 대해 거부감을 가질 수도 있다. 다시 말해서 자연에 존재하는 자연물은 아무래도 자연스러운 색을 지녔으리라고 사람들은 생각한다. 어쩌면 그것은 눈에 보이지 않는 미생물이므로 사람들은 어쩔 수 없이 마음의 눈으로 보아야 하기 때문이다.

생물 종류를 확인하는 작업을 우리는 분류(classification)라고 부르고, 생물이 가진 성질을 조사하는 것을 동정(identification)이라고 한다. 생물과 마찬가지로 미생물의 경우에도 분류와 동정은 같은 의미로 쓰인다. 또한 생물이 가진 특별한 성질을 우리는 형질(character)이라고 부르는데, 이 형질은 생물이 가진 유전자에 따라 결정된다. 이들 생물 유전자는 우리가 아는 것처럼 핵산의 염기 서열을 확인하는 기술을 찾아냈기에 더욱 활발히 연구되고 있다.

생물 유전자의 염기 서열을 조사하는 방법도 시간이 흐르면서 빠르게 발전했다. 처음에는 유전자에서 특정 염기를 잘라 내는 절단효소로 잘라 낸 자리를 찾아 이어 보면서 염기 서열을 확인했지만, 요즈음에는 순서에 맞게 염기 하나 하나를 효소로 이어 가면서 염기 서열을 결정하는 방법을 이용하고 있다. 물론 염기 서열을 확인하는 방법도 처음에는 방사능을 이용해 필름에 감광시켜 나타난 검은색 흔적을 살펴보았지만, 요즈음에는 각각의 염기를 특정한 색깔로 표시하는 방법을 개발해 자동화 기계로 그려 내는 방법을 이용한다. 이와 같이 여러 가지 생물의 특징을 조사하는 방법들도 더 확실하고 쉽게 구분할 수 있는 방향으로 발전하고 있다. 희미한 형태에서 더욱 뚜렷한 모습으로 볼 수 있는 방법을 개발하고, 색깔도 흑백에서 컬러로 바꾸면서 더 쉽고 뚜렷하게 차이를 구분할 수 있는 방법으로 나아가고 있다.

생물학도 시간에 따라 개체에서 세포로 그리고 더 나아가 분자 수준으로까지 자세히 살펴보는 방향으로 나아가고 있다. 그렇다고 해서 생명의 신비가 바로 우리 눈앞에 모습을 드러낸 것은 물론 아니다. 오히려 우리가 궁금증을 풀고자 더 작은 세계로 발을 한 발짝 들여 놓으면 그들은 자신의 모습을 보이는 것이 부끄럽다는 듯이 더욱 안으로 파고들어 가는 듯한 모습이다. 우리는 분자 수준으로까지 좇아 들어가 생물체 비밀을 엿보려 그들의 염기 서열을 밝혀 보지만, 아직까지도 그들은 꼭꼭 닫아 놓은 비밀의 문을 열어 주지 않고 있다. 이는 마치 궁금증을 못 이기고 양파 껍질을 한 겹 한 겹 벗겨도 그속에서 특별한 것을 찾아내지 못하는 것과도 같다.

우리 눈으로 보아도 보이지 않는 것은 어쩔 수 없이 생각으로 더 들어 볼 수밖에 없다. 그러나 아무리 생각에 생각을 거듭하더라도 정확한 형태를 알지 못하면 겉모습의 색깔까지도 더욱 희미해지기 마련이다. 사람들이 간밤에 꾸었던 꿈을 더듬어 볼 때에 꿈속에서 보았던 것들이 컬러 꿈인지 흑백 꿈인지 제대로 구별하기 힘든 것처럼 말이다. 아마도 간밤의 꿈이 컬러였는지 흑백이었는지는 꿈이 얼마나 생생했는지에 따라 다를 것이다. 꿈속 장면이 생생하다면 꿈을 컬러로 꾸었겠지만, 꿈이 그리 생생하지 않다면 컬러보다는 분명히 흐릿해 보이는 흑백이었을 것이다. 아마도 사람들이 생각하는 미생물의 현미경 사진도 그 모습이 분명하고 확실하다면 컬러로 작업한 사진이 전혀 낯설어 보이지 않겠지만, 이에 비해 현미경 사진이 상대적으로 흐릿한 것이라면 아무래도 흑백 사진이 더 어울린다고 보아야 할 것이다. 이와 같이 사람들이 눈에 보이지 않는 것을 보는 것은 비록 실제가 아니더라도 마음의 눈으로 본다면, 보이지 않는 것도 얼마든지 생생하게 그 모습을 그려 볼 수 있을 것이다.

이재열

경북 대학교 생명 과학부 교수

서울 대학교 농생물학과를 졸업하고 독일 기센 대학교에서 박사 학위를 받았다. 독일 막스 플랑크 생화학 연구소에서 박사 후 과정을 수료하고 현재 경북 대학교 생명 과학부 교수로 재직하고 있다. 모두 어렵다고 말하는 미생물에 대해 알기 쉽게 풀어 설명하려고 노력하고 있다. 『보이지 않는 보물』, 『바이러스, 삶과 죽음 사이』, 『미생물의 세계』, 『우리 몸 미생물 이야기』, 『자연의 지배자들』, 『보이지 않는 권력자』, 『불상에서 걸어나온 사자』, 『담장 속의 과학』 등을 썼고, 『파스퇴르』(공역), 『미생물의 힘』(공역)을 우리말로 옮겼다.

3

과학은 소통이다

- 개념 간의 싸움도 말려야 한다 **장회익**
- 포메이토와 줄기 세포 **김병수**
- 아날로그 시대의 인터넷에 대한 추억 **김정호**
- 정치 과학자란 누구인가 **이인식**
- 핫미디어의 소용돌이 속에서 빠져나오기 **황은주**
- 과학의 시대에 철학이 왜 필요한가? **백승영**
- 촛불 집회에 대한 과학적 이해 **홍성태**
- 과학의 버스에는 종교의 자리가 없는가? **이진남**
- 소통 가능한 창의성에 대하여 **오선영**

개념 간의 싸움도 말려야 한다

물리학을 좋아하는 사람은 많지 않다. 물리가 너무 어렵고 자신은
도무지 물리에 적성이 맞지 않는다고들 말한다. 그래서 사실 그런
줄 알았다. 그런데 근자에 이르러 물리 교육학자들 사이에 새로운
사실이 밝혀졌다. 물리를 좋아하는 사람이건 아니건 거의 모든 사
람은 엄청난 수준의 자생 물리학자들이라는 사실이다. 누구나 성
장해가면서 아무 교육을 받지 않고도 스스로 높은 수준의 개념체
계를 만들어 내고 이를 통해 사물을 이해해 나간다는 사실이다. 물
론 자신들은 자기가 이러한 지적 활동을 하고 있다는 사실조차 의
식하지 못한다. 그들은 흔히 "나는 물리를 하나도 몰라요."라고 하
면서 자기 머리가 텅 비어 있다고 생각한다.

물리 교사들 또한 오랫동안 그렇게 생각해 왔다. 마치 백지에 그
림을 그려 내듯이 머릿속에 물리학이라는 그림을 그려 주려고 했

다. 그런데 이상스럽게도 그 '백지'가 물감을 잘 받지 않는 것이었다. 기름먹인 종이가 물감을 튕겨 내듯 도무지 스며들려고 하지 않았다. 그래서 알고 보니 그들 머리는 백지가 아니라 자기 나름의 물리로 꽉 차 있었던 것이다. 교사도 학생 자신도 이 사실을 알지 못하고 그저 학생이 우둔해서 그렇다고만 밀어붙였다. 그러나 학생들은 심정적으로까지 속지는 않는다. 그래서 이 무례한 외부 침입자를 미워하게 되었고, 우리 주변에는 수많은 물리 혐오자들이 생겨나게 되었다.

깜짝 놀란 물리 교육자들은 이것을 선개념(先槪念, preconception) 혹은 오개념(誤槪念, misconception)이라 했다. 이것이 미리 자리를 잡고 앉아 새 개념들을 밀어 내고 있다는 것이다. 그런데 더 정확히 말한다면 이것은 '자득적 개념(自得的 槪念, self-acquired conception)'에 해당한다. 물리 교육자들이 흔히 이것을 제거 대상으로 보지만, 많은 경우 이를 제거할 것이 아니라 활용해야 하며 싸움을 걸 것이 아니라 화해를 요청해야 한다. 이제 그 몇 가지 사례를 생각해 보자.

우리는 모두 시간이 무엇인지, 공간이 무엇인지 잘 알고 있다. 누구나 과거의 일들을 시간상에 나열할 줄 알며, 물체의 위치와 거리를 공간적으로 가늠할 줄 안다. 누구에게 배워서 그렇게 된 것이 아니다. 우리의 사고 틀 안에 이러한 개념 장치를 만들어 놓고 사물들을 이 속에 배치해 나가는 것인데, 이 얼마나 놀라운 지적 활동인가? 실제 물리 공부라는 것도 이러한 개념을 바탕으로 출발하는 것이지, 이것을 만들어 넣어 주는 것이 아니다. 고전 역학은 여기에 다소 수학적 정교화만 가할 뿐 이 시간 공간 개념을 그대로 활용한다. 그리고 이 점에 어려움을 느낄 사람은 많지 않다. 오히려 어려움이 생기는 것은 '힘'이다, '질량'이다, 하는 개념이 등장하고부터이다. 이들을 기존 개념 틀 안에 위치 짓기가 어려워지기 때문이다. 더구나 '힘'의 경우는 명칭 자체가 문제를 일으킨다. 우리의 자득적 개념 안에는 '힘'이라는 것이 이미 있는데, 비슷하면서도 실제는 다른, 말하자면 동명이인(同名異人)이 나타나 사태를 무척이나 헛갈리게 하는 것이다.

여기서 개념 간의 싸움이 시작된다. 비슷하게 생긴 두 개념이 서로 자기가 진짜 '힘'이라고 내세우며 싸움판을 벌이는 것이다. 이것을 객관적 입장에 서서 구경한다면 무척 재미있는 경기가 될 수도 있지만, 납득할 이유도 없이 기존 개념의 포기를 강요당하는 당사자로서는 괴로울 수밖에 없다. 그리하여 대개의 경우, "참자, 참자, 시험 때까지만 참자."라 하고 있다가 시험만 끝나면, "후유, 해방이다."라며 침입자를 보기 좋게 내몰게 된다. 반대로 일부 모범생들의 경우에는 침입자를 끝내 밀어 내지 못하고 자기 두뇌 안에 '물리학'이라는 식민지 설치를 허용해 버린다. 이 식민지는 원주민의 지속적인 저항이 일어나지만 그때마다 좀 더 우월한 사고의 체계를 바탕으로 버티기에 성공한다. 이런 사람들은 후에 '물리학자'로 혹은 '엔지니어'로 행세하기도 하지만, 많은 사람들은 원주민의 거센 저항을 버텨내지 못하고 끝내 식민지를 철수해 버리게 된다. 오직 아주 드물게만 원주민들을 다시 만나 그들의 정당한 요구를 받아들이고 그들 나름의 몫을 인정하는 진정한 '화해'에 도달하게 된다.

여기서 화해라고 하는 것은 본래 가졌던 자득적 개념을 더 넓은 틀에서 분석해 정당한 의의와 동시에 한계를 설정해 주는 작업을 말하는데, 이것이 바로 물리 교육을 담당하는 사람들이 생각해야 할 핵심적 사안이다. 남의 영토를 힘으로 점거하고 강압적으로 통치하는 형태의 교육은 불가피하게 저항을 낳고 미움을 사게 된다. 그렇기에 먼저 원주민의 역량을 십분 인정해 주고 그들의 부족을 스스로 깨우치게 한 후, 보다 나은 대안을 소개하는 형식이 되어야 할 것이다. 물론 이렇게 하더라도 일정한 수준의 저항은 불가피하지만, 만일 제대로 설득만 된다면 열렬한 환영을 받을 수도 있다. 이 경우 학생들로서는 자기도 모르게 만들어졌던 불완전한 개념 체계의 지배에서 벗어나 한 차원 높은 지적 개안을 경험하는 일이 되기 때문이다. 소수이기는 하나 물리가 가장 재미있다고 하는 이들이 바로 이러한 눈뜸을 경험한 사람들이다.

이것은 물리학의 교육 과정에만 나타나는 일이 아니다. 물리학 자체의 발전 과정 또한 이와 유사한 면이 있다. 다시 우리의 시간과 공간 개념으로 돌아가 보자. 앞서 논의에서 이를 '자득적 개념'이라고 했는데, 이것 자체가 이미 매우 정교하고 심오한 내용을 지니고 있다. 고전 역학이 이것을 거의 그대로 채용했음은 물론이고, 칸트 같은 철학자는 우리의 인식 과정에서 이것이 지닌 기능에 감명을 받아 이를 '직관의 형식(form of intuition)'이라 규정하면서 우리의 이성 안에 선험적(a priori)으로 부여된 진리의 일부로 보기에 주저하지 않았다. 그러나 흥미롭게도 아인슈타인의 상대성 이론의 등장과 함께 이 개념들의 부적절성이 드러났으며, 결국 좀 더 정교한 4차원 시간 — 공간 개념으로 대치되기에 이르렀음을 우리가 모두 잘 아는 바이다.

그런데 여기서 주목할 점은 이러한 자득적 개념을 버리거나 수정하는 일이 매우 어렵다는 사실이다. 이미 초급 물리 교육에서 사람들이 기존의 개념을 선뜻 버리지 못하는 것과 마찬가지로 성숙한 물리학자들조차도 기왕에 가진 자득적 개념 체계에서 벗어나기가 매우 어렵다. 상대성 이론이 처음 등장했을 때 뛰어난 많은 물리학자들이 이를 받아들이기 주저하거나 혹은 끝내 받아들이지 못한 이유가 바로 이것이다. 흔히 상대성 이론의 실험적 단초를 제공했다고 알려진 마이켈슨이 아인슈타인을 처음이자 마지막으로 만났을 때, 자신의 실험이 "당신 이론과 같은 엉터리 이론에 연관되는 것이 매우 불쾌하다."라고 대놓고 말했던 것이 그 대표적 사례라 할 수 있다.

그러나 이것은 비단 물리학에만 국한된 일이 아니다. 우리가 일상생활 속에서 늘 사용하고 있는 '생명'이라는 개념 또한 하나의 중요한 자득적 개념이다. 우리는 모두 생명이라는 말을 어렵지 않게 쓰고 있지만, 이것을 누구에게 배워서 알게 된 것은 아니다. 마치 시간과 공간에 대해 누구나 일정한 관념을 지니고 있는 것과 마찬가지로 우리는 모두 생명에 대해서 일정한 관념을 지니고 있다. 우리는 흔히 우리가 주변에서 접하는 각종 대상들을 '살아 있는 것'과

'살아 있지 않은 것'으로 분류하고, 이 '살아 있는 것'들 사이에 어떤 공통점이 있을 것으로 보아 이를 생명이라 지칭한다. 말하자면 살아 있는 것들의 '살아 있음'에 해당하는 개념이라고 할 수 있다.

그런데 일견 아무 문제도 없어 보이는 이러한 개념 안에 많은 문제점들이 있다. 예를 들어 "꺾어진 나뭇가지는 살아 있는가?"라는 물음을 생각해 보자. 대개는 이것을 땅에 심었을 때 정상적인 나무로 자라나느냐 아니냐를 기준으로 살아 있느냐 아니냐를 말하게 된다. 그러나 이것은 다시 어떤 여건의 땅에 어떤 방식으로 심느냐에 따라 크게 달라진다. 따라서 우리는 무엇이 살아 있느냐 아니냐를 말하기 위해 그것 자체의 상황뿐만 아니라 그것이 놓이는 외적 여건을 함께 말하지 않으면 안 된다. 그리고 또 하나로 어느 범위의 대상을 놓고 생명을 말해야 하느냐 하는 문제가 있다. 버드나무 한 그루를 대상으로 말해야 하느냐, 아니면 이 나무를 구성하는 세포 하나하나를 놓고 말해야 하느냐 하는 점이다.

이러한 문제들을 해결하기 위해 우리는 생명의 '정수(essence)'라고 할 만한 것이 있는지, 그리고 있다면 이것이 무엇인지를 찾아낼 수 있으면 좋을 것이다. 만일 이런 것이 찾아진다면, 이를 온전히 간직하고 있으면 생명이 있는 것이고 아니라면 생명을 잃었다고 해도 될 것이다. 또 이것이 하나 있으면 생명이 하나 있는 것이고, 이것이 둘이면 생명이 둘 있다고 할 수 있을 것이다. 실제로 현대 과학은 이러한 노력을 기울여 왔고, 그 결과 상당한 성과를 얻어 내기도 했다. 현대 과학은 생명체의 설계도에 해당하는 유전 정보가 DNA라는 한 조의 분자들 안에 들어 있음을 밝혀냈다. 그러므로 만일 생명체 안에 생명의 정수라고 할 그 무엇이 들어있다면, 이에 가장 근접하는 것이 바로 이 '한 조의 DNA 분자들'이 될 것이다.

그렇다면 과연 이 '한 조의 DNA 분자들'만 가지면 생명이 있는 것이고, 이것이 없으면 생명이 없다고 해도 될 것인가? 전혀 그렇지 않다. 대부분의 동식물들은 그들이 죽고 나서도 그 안의 DNA 분자들을 고스란히 보존하고 있다. 이 DNA 분자들만을 고립시켜 놓는다면 그 안에서 '생명'이라 부를 어떤 특징도 찾아낼 수가 없다. 심지어 이것이 '정보' 구실을 하기 위해서도, 이것은 이미 세포 속에서 특정한 물질들로 둘러싸여 있어야 한다. 그러니까 '살아 있음'이라고 하는 것은 그 어떤 생명의 '정수'가 있어서가 아니라, 오히려 DNA를 비롯한 특정의 물질들이 함께 모여 어떤 정교한 '동적 체계(dynamical system)'를 이룰 때 나타나는 성격이라 할 수 있다. 문제는 어떤 물질들이 어떠한 모임을 이루어야 이러한 성격이 나타나느냐 하는 것인데, 이것이 바로 생명 문제를 이해하는 관건이 된다.

우리가 일단 이 기준을 설정한다면, 우리가 알고 있는 그 어떤 생명체도 이 기준을 만족하지 못함을 알 수 있다. 사람의 몸도 이것만 고립시켜 놓으면 생명 활동을 할 수가 없다. 가령 사람의 몸을 아무것도 없는 진공 속에 10분만 고립시켜 놓으면 어떻게 될지를 모를 사람은 아무도 없다. 그렇다면 도대체 어떠한 조건들이 구비될 때, 그 안에 '살아 있음'이란 성격이 나타날까? 이를 생각해 보기 위해서는 우리가 살아가기 위해 반드시 필요한 것들이 무엇인가를 모두 다 챙겨 보면 된다. 그렇게 해 이 모든 것을 다 갖추고 있는 하나의 체계가 떠오르면 이것이 곧 생명의 모습이다. 물론 우리의 불충분한 상식만을 통해 이것을 정확히 그려 낼 수는 없을 것이다. 이를 위해서는 최선의 지식을 동원해 그 정체를 찾아내야 할 것이며, 이렇게 하나의 체계를 얻어 낸다면 이것이 바로 생명의 진정한 모습이라 할 수 있을 것이다.

현재 과학이 제공하는 최선의 지식에 따르면, 이것은 태양과 같은 항성과 지구와 같은 행성의 체계가 이루어지고, 그 아래 지속적인 에너지의 흐름이 유지되는 가운데, 행성의 풍요로운 물질적 구성에 의해 '자체 촉매적 국소 질서(auto-catalytic local order)'들이 발생해 지속적인 생멸(生滅)의 연계를 이어 나갈 때 비로소 가능해진다. 이를 일러 나는 이미 오래 전에 '온생명(global life)'이라 명명한 일이 있다. 그러니까 진정한 의미의 생명이란 온생명 안에 있는 것이지, 이를 구성하는 하나하나의 국소 질서 곧 '낱생명(individual life)' 안에 있는 것이 아니다. 다만 우리의 일상적 경험 세계에서는 전체 온생명이 한 눈에 보이지 않고 주로 개별 '낱생명'만이 눈에 띄어 왔으므로 우리의 자득적 생명 개념 안에 이것이 반영되기가 어려웠을 뿐이다.

생각해 보면 이것은 지극히 당연한 결론인데도 불구하고 이러한 주장은 대부분의 사람들에게 잘 먹혀들지 않는다. 이들은 여전히 자득적으로 얻어 낸 기존의 생명 개념을 바탕으로 생각을 펴고 있어서 내가 말하는 온생명이 오히려 생명이 아니라고 생각한다. 말하자면 지금 온생명 중심의 생명관과 낱생명 중심의 생명관이 서로 부딪치며 싸우고 있는 셈이다. 그러나 나는 이것이 싸워서 이길 전쟁이라고 보지 않는다. 오히려 그들이 왜 낱생명 중심의 생명관을 가지게 되었는지를 충분히 설명해 주면서, 이 두 관점 사이에 어떤 관계가 있는지를 알리는 일이 더욱 중요하다. 개념 간의 싸움도 말려야 할 것이지 북돋아서 될 일이 아니라고 본다.

장회익
서울 대학교 명예 교수

서울 대학교 문리과 대학 물리학과를 졸업하고 미국 루이지애나 주립 대학교 물리학과에서 박사 학위를 받았다. 미국 텍사스 대학교 연구원을 거쳐, 30여 년 간 서울 대학교 물리학 교수로 재직하면서 대학원 과학사 및 과학 철학 협동 과정에서 겸임 교수로도 활동했고, 현재는 서울 대학교 명예 교수로 있다. 학문적 관심 분야로 물리학 이외에 과학 이론의 구조와 성격, 생명 문제, 동서 학문의 비교 연구 등이 있으며, 저서로는『과학과 메타과학』,『삶과 온생명』,『이분법을 넘어서-물리학자 장회익과 철학자 최종덕의 통합적 사유를 향한 대화』,『공부도둑』,『온생명과 환경, 공동체적 삶』,『물질, 생명, 인간-그 통합적 이해의 가능성』등이 있다.

포메이토와 줄기 세포:
생명 공학 활동의 의미

요즘 생명 과학 계열에 입학한 학생들의 주 관심사는 전공이 아닌 의학 전문 대학 진학이나 의학 관련 학과 편입이라 한다. 일부에서는 이공대 인력 감소를 걱정하면서 국가 경쟁력 약화나 과학 기술자 홀대를 이야기한다. 다른 한편에서는 과학 기술 인력의 비정규직화 문제를 제기하거나 미국 등 선진국의 사례를 보면 이공계 기피는 자연스러운 현상이라고 이야기하기도 한다. 그러나 내가 유년 시절을 보낸 1980년대만 해도 장래 희망이 과학자인 학생들을 주변에서 적지 않게 볼 수 있었다. 흰 가운을 입고, 어려운 문제와 씨름하면서 속세와는 인연이 별로 없어 보이는 듯한 왠지 멋있고 순수하고 중립적인 과학자의 모습. 사실 현실에서는 거의 찾아보기 힘든 이런 과학자의 모습은 나뿐만 아니라 많은 어린이들에게 영향을 미쳤을 것이다. 현미경과 망원경이 당시 초등학생들의 필수

장난감이었다. 웬만한 학생들이 다 그랬듯이 나도 각종 과학 잡지들을 꽤 좋아했는데, 초등학교부터 시작된 과학 잡지 구독과 과학관련 과외 활동은 고등학교 졸업 때까지 이어졌다.

이 시기 나에게 강렬한 인상을 준 사진이 한 장 있었다. 바로 뿌리에는 감자, 줄기에는 토마토가 주렁주렁 달려 있는 첨단 유전 공학의 산물 포메이토(pomato)였다. 유전 공학 기법으로 토마토와 감자를 동시에 생산할 수 있으니 신기하기도 했고, 식량난 해결에 도움을 주리라 생각했다. 그림도 얼마나 잘 그려 놨는지 당시에는 실제로 존재하는 줄만 알았다. 포메이토와 같은 멋진 인공 생명체를 개발하겠다는 단순한 생각에 큰 고민 없이 생명 공학 계열의 학과로 진학을 했다. 그런데 나에게 큰 영향을 주었던 이 포메이토는 어디선가 잠시 나왔을지는 모르겠지만 흐지부지 대중의 기억 속에서 사라졌다. 현재는 다국적 기업의 전유물이 된 유전자 변형 생물체와 특허 때문에 1년 동안 출생 사실이 숨겨졌던 복제양 돌리가 현대 생명 공학의 특징을 가장 잘 보여 주는 사례인 것 같다.

선진국이 되기 위해서라면

석사를 마치고 전공을 바꿔 박사로 진학하면서 본격적으로 시민 단체 활동을 시작했다. 당시에는 인간 개체 복제에 대한 우려, 배아 연구, 유전 정보 이용에 대한 이슈들이 논란이 되고 있었다. 그런데 이런 논의들은 주로 언론을 통해 산발적으로 이뤄졌을 뿐 제대로 된 토론회 하나 없었고 논의의 기반이 될 실태 조사도 없었다. 나를 포함한 활동가들은 정보 공개 청구나 질의서 등을 통해 각 쟁점에 대한 국내 현황을 조사했고, 외국의 규제 현황을 분석 정리 한 후 입법 활동을 벌였다. 이때 조사하고 정리한 대부분의 내용은 정부가 해야 할 일들을 시민 단체가 대신한 의미 있는 조사였고, 향후 제정된 생명 윤리법에도 큰 영향을 미쳤다.

실태 조사는 당시 우리나라 생명 공학 활동의 현실을 적나라하게 보여 줬다. 기업은 물론이고 대형 병원들도 유전자 검사를 할 때 동의서도 받지 않았고, 수집된 검체도 연구자 마음대로 쓰고 있었다. 제공자 동의 없이 검체를 외국으로 넘기는 기업도 있었다. 어떤 의료인은 기업을 만들면서 자신이 근무하던 병원의 환자 검체들을 들고 나와 연구용으로 쓰기도 했다. 여기에 더해 과학적으로 검증도 안 된 엉터리 유전자 검사가 성행했다. 인간 배아 연구의 기본이 될 냉동 잔여 배아에 대한 실태 조사도 없었다.

유전 정보 이용과 관련된 몇 번의 토론회를 거치면서 과학자들에게서 흥미로운 공통점을 발견했다. 토론회에 참석한 국가 연구소의 한 책임급 과학자는 "피 뽑을 때 동의서 받으면 선진국은 언제 따라가느냐."라는 푸념을 늘어놓기도 했다. 다른 토론회에 참석한 유전자 검사 회사의 대표는 검사 항목에 대한 과학적 논쟁은 회피한 채 21세기는 생명 공학 시대인데 규제를 통해서는 선진국을 따라갈 수 없다는 추상적인 말을 되풀이하면서 규제가 없다면 좋을 결과가 나올 것이라고 주장했다. 국가 경쟁력 담론은 내가 활동하면서 가장 많이 들었던 얘기 중 하나였다. 생명 공학이 논란이 되고 있는 이유 중 하나는 사람과 같은 생명체를 그 대상으로 하고 있기 때문이다. 그러기에 연구를 인정받기 위해서는 결과뿐만 아니라 절차 또한 중요하다는 것은 상식이다. 이들의 이력을 보고 나는 더욱 씁쓸해졌다. 그들이 미국에서 유전병 연구를 했을 때도 IRB 검토나 동의서 없이 그냥 진행했을까?

그 수많은 난자는 어디서?

2004년 2월 11일 동료들과 술잔을 기울이고 있었는데, 평소 잘 알던 과학 전문 기자로부터 전화를 받았다. 내일 황우석 박사팀이 뭔가 큰 건을 발표하는데 알고 있으라는 귀띔이었다. 어떤 내용인지 대충 감은 잡고 있던 터라 다음 날 쓸 성명서만 잠시 고민하면서 술잔을 넘겼다.

정작 나를 난처하게 했던 것은 성공 발표 이후의 일들이었다. 의외로 많은 외신 기자들이 연락을 해 왔는데, 그들의 관심은 대체로 "한국에서는 난자를 자유롭게 구할 수 있는가?"와 "왜 그렇게 열광하는가?" 두 가지였다. 정말 난처한 질문들이었다. 비록 복제 연구를 반대하는 입장이었지만 맥락을 잘 모르는 그들에게 한국에서는 난자 매매가 이뤄지고 있고, 윤리적 문제보다는 '세계 최초'에 더 관심이 많다고 대놓고 말할 수는 없었다. 솔직히 창피했다.

얼마 후《네이처》는 자체 조사를 통해 난자 수집 과정, 저자 표시, IRB문제를 기사로 다뤘지만 국내에서는 큰 반향이 없었다. 오히려 우리나라의 성과를 폄하하고 시기하는 시도로 파악했다. 난자 채취 과정은 복잡한 절차를 거치기에 선진국에서는 불임 클리닉용 난자조차도 쉽게 얻을 수 없는 현실을 감안한다면 그들의 의문은 당연한 것이었다. 당시 논문에는 242개의 난자를 썼다고 발표했지만, 실제로는 2200개 이상의 난자를 사용했다. 난자 문제의 정점은 줄기 세포 허브였다. 우리나라에서 다량의 난자를 이용해 복제를 한 후 세포주가 만들어지면 미국이나 영국으로 가져가 줄기 세포 연구의 핵심인 분화 연구 등 후속 연구를 하겠다는 계획이었다. 외국 학자들이 보기에 한국에서는 난자를 구하기 쉽고 체세포 복제에 대한 여론도 우호적이어서 복제 줄기 세포를 만들기에 아주 적합한 지역이기 때문이었다. 당시 외국의 학자들이 부러워한 것이 우리의 기술이었을까 아니면 열광적인 한국의 분위기였을까? 물론 당시 국내의 어떤 산부인과 의사나 과학 전문 기자도 난자 채취 과정에 대해서 공식적으로 얘기하지 않았다.

생명 윤리법 제정 과정이나 황우석 사태 당시 가장 많이 나왔던 단어들인 국가 경쟁력, 세계 최초, 국익, 애국주의, 그리고 포메이토 그림은 저절로 생겨난 것이 아니었다. 생명 공학의 실체도 애매했을 1983년 정부는 유전 공학 육성법을 만들어 생명 공학 발전을 통해 국가 경쟁력을 강화하겠다는 것을 명시했다. 이후 전국 대학에 유전 공학과들이 생겨났으며 정권이 바뀔 때마다 이름만 약간 바꿔 비슷한 프로젝트를 진행하고 있다. 그러다 20년이 지난 2003년에야 생명 공학을 규제하는 법률이 제정되었다. 정부의 강력한 생명 공학 육성 정책은 생명 윤리와 안전, 연구 절차에 대한 다양한 쟁점들을 경제 성장의 장애물로 인식하게 했던 중요한 요인 중 하나가 되었다.

실험실 문화

2004년 가을에 이어 2005년 6월 황우석 사건 제보자를 그가 근무하는 병원에서 다시 만났다. 당시 제보자는 난자 수급 과정과 2005년 논문에 문제가 있을 수 있다는 두 가지 사안에 대해 제보했다. 나는 이때의 충격과 분노를 아직도 잊을 수가 없다. 연구 결과에 문제가 있을 수 있다는 주장보다, 난자를 매매했다는 사실보다 여성 연구원으로부터 난자를 제공 받았다는 사실이 더 충격적이었다. 교수가 학생의 난자를 실험에 사용하다니.

일반적으로 지도 교수는 학생의 졸업 시기, 논문의 저자 표시 여부 및 순서를 정할 수 있는데 이는 학생의 미래와 직결된 중요한 결정들이다. 그런 권력 관계 아래서 학생의 자발성 여부는 크게 중요하지 않다. 아니 자발적으로 의사를 밝혔어도 말렸어야 하는 게 정상이다. 실질적 지도 교수가 난자를 채취하는 병원까지 차를 태워 데려다 주고 그 학생은 아픈 배를 어루만지며 자신의 난자를 가지고 실험을 했다니. 난자를 제공했던 여성 연구원이 제보자 부부에게 보낸 편지를 읽었을 때 분노가 절정에 달했다. 난자 채취에 대한 두려움, 자조, 기대 등이 뒤섞인 그 편지는 실험실 내 권력 관계의 비대칭성을 상징적으로 보여 주고 있었다.

과거에 비해 실험실 문화가 많이 개선되었다. 학생의 연구비를 착복하는 행위도, 학생에게 교수의 개인적인 일을 시키는 것도 이제는 거의 찾아 볼 수 없다. 앞으로 주목해야 할 영역은 저자 표시(authorship)를 둘러싸고 발생하는 쟁점들이다. 논문 쓰기를 직업으로 삼고 있는 연구자에게 저자 표시 문제는 단순한 연구 성과물 이상의 의미를 지닌다. 저자에 포함되었는지 여부와 그 순서는 연구자의 업적과 직결되어 고용, 승진, 경제적 이해 관계에 직접적인 영향을 준다. 저자 표시 문제가 제대로 자리 잡기 위해서는 형식적인 가이드라인보다 실험실의 민주화가 더욱 중요하다.

생명 공학의 상업화

현대 생의학 활동은 복잡한 특징을 가지고 있다. 대부분의 활동 자체가 생명체에 대한 이해이면서 동시에 상업적 이윤 추구의 수단이 될 수 있다. 인체를 대상으로 하는 생의학 연구는 과거처럼 진단, 연구, 상업화가 분리되지 않는다. 환자로부터 흥미로운 조직을 발견하면 연구를 통해 의미를 부여하고 특허를 등록한 후 기업에 팔 수 있다. 과학자이면서 벤처 기업의 사장이거나 아니면 최소한 임원으로 참여하고 있는 기업 과학자들(corporate scientist)을 우리는 주변에서 흔히 볼 수 있다. 그래서 생의학 연구의 상업화는 절차에 대한 여러 쟁점들을 만들어 내고 있다. 기술이 아닌 인체 유래 물질의 소유권을 연구자가 갖는 것이 정당한 것인가? 동의는 어디까지 받아야 하는지, 정부의 연구비를 받은 기업이 특허를 통해 결과물을 사유화하는 것에는 문제가 없는지, 유전자를 비롯한 인체 유래 물질에 대한 특허는 후속 연구를 방해하지 않을까와 같은 근본적인 물음을 한번쯤은 고민해 볼 필요가 있다.

생명 공학의 상업적 성격 강화는 사회적 거품 형성에도 기여하고 있다. 이는 단기적으로 시민들의 판단을 어렵게 할 수 있고, 장기적으로는 과학 활동의 신뢰를 떨어뜨리는 데 기여할 수 있다. 한때 국내에서는 논문으로 발표하기 전에 언론에 이 사실을 알려 세간의 관심을 끌고 인지도를 높이는 행위인 기자 회견 과학(press-conference science)이 유행한 적이 있었다. 한동안 뜸하다 요즘에는 주로 벤처 기업들이 이 방법을 쓴다. 단기간에 주가에 영향을 줄 수 있고, 인지도를 높여 피험자를 모집하는 데 유리하다. 심지어는 정부 연구비를 타는 데도 혜택을 볼 수 있다.

예를 들어 보자. 기업이 직접 소비자를 대상으로 하는 유전자 검사(Direct-to-Consumer genetic testing)는 검사 항목에 대한 논란 이상의 파급 효과가 있다. 설령 직접 검사를 하지 않더라도 상업 행위 자체가 시민들에게 영향을 미친다. 일반인들은 이제 '롱다리' 여부도 유전자로 알 수 있는 시대라고 생각하게 된다. 줄기 세포도 마찬가지인데, 몇몇 기업들이 검증되지 않은 치료를 비싼 가격에 난치병 환자들에게 시술해 집단 소송으로 비화된 사건이 있었다. 당시 내가 만난 환자나 그 가족들은 모두 언론을 통해 그 시술을 알았다. 당시 형성된 줄기 세포에 대한 거품이 그들의 의사 결정에 결정적인 영향을 미쳤던 것이다. 우리는 지금도 주변에서 각종 줄기 세포 치료 센터를 쉽게 볼 수 있다.

황우석 사태 이후 웬만한 절차들은 법률이나 지침의 형태로 정비되었다. 그런데 임상 시험 전 위원회의 검토나 환자와 의사 또는 기업과 환자와의 개인적 동의만으로는 절차가 완성됐다고 말하기 힘들다. 특정 기술에 대한 사회적 거품이 과도해 균형 잡힌 정보를 제공 받지 못한 환자나 소비자는 의사 결정에 어려움을 겪게 된다.

생명 공학 연구의 성격과 방향을 결정하거나 사회적 거품을 제거하는 1차적인 책임은 과학자들에게 있다. 생명 공학의 상업화는 미국에서는 기업들이 우리나라에서는 정부가 추동하고 있다. 선택과 집중이라는 기조 아래 특정한 분야를 선정해 연구자나 기업들에게 막대한 세금을 지원하고 있다.

중요한 것은 어떤 절차를 거쳐서 어떤 내용을 선택했느냐에 있다. 지난 10여 년간의 주요 프로젝트를 보면 얼마나 많은 과학자들의 동의를 거쳐 결정됐는지 의심스러운 사업들이 눈에 많이 띈다. 정부 방침에 맞게 자신의 분야를 약간 손질해 연구비를 지원하거나 사석에서 불만을 풀어 놓기보다는 그 전에 개입할 수는 없는 것일까? 외부의 비판이 들어오면 감정적으로 거부감을 나타내거나 과학자들은 순수하다며 20세기 초에 묘사된 과학자 사회의 특징을 얘기하기보다는 과학자로서의 책임 있는 발언이 더욱 의미 있고 현실에 부합하는 행동일 것이다. 사실 생명 공학에 대한 의미 있는 논쟁은 과학자 사회 외부가 아닌 내부로부터 출발했다. 유전자 재조합의 위험을 논의했던 아실로마 회의, 인간 유전체 사업이 종료될 무렵 유전자 특허를 둘러싼 논쟁, 줄기 세포의 성급한 임상 시험으로 인한 위험성 등은 모두 과학자 사회 내부에서 제기되었다. 지금도 생명 공학의 쟁점에 대한 다양한 논의들을 유명 저널에서 어렵지 않게 접할 수 있다.

황우석 사건 당시 브릭(BRIC)에서 주류 학계와 관련 없는 감자 농사꾼이 줄기 세포 사진의 중복을 발견한 것을 두고 아직 한국 과학계는 자정 능력이 있다고 말했던 현실이 씁쓸하게만 느껴진다. 경제 성장의 도구가 아닌, 막연한 난치병 치료가 아닌, 일부 이해 관계자들의 사업이 아닌 좀 더 공익적인 생명 공학을 우리나라에서 기대하는 것은 아직 무리인지 모르겠다.

김병수

시민 과학 센터 운영 위원

고려 대학교 과학 기술학 협동 과정에서 과학 기술 사회학을 공부했으며 참여 연대 시민 과학 센터 간사, 생명 공학 감시 연대 정책 위원, 국가 생명 윤리 심의 위원회 유전자 전문 위원을 역임했다. 현재는 경희 대학교, 성공회 대학교 등에서 강의하면서 시민 과학 센터 운영 위원으로 활동하고 있다. 지은 책으로는 『침묵과 열광』(공저)이 있으며, 옮긴 책으로는 『인체시장』(공역) 등이 있다.

우리에게 과학이란 무엇인가

아날로그 시대의 인터넷에 대한 추억

얼마 전 '사라져 버린 것들'에 대한 추억을 떠올리며 취재를 나갈 일이 있었다. 지금은 기억의 저편에 자리 잡고 있는 헌책방으로 말이다. 물어 물어서 찾은 헌책방은 포항의 변두리에 있는 조그만 가게. 간판에 남은 세월의 흔적만큼이나 연세가 지긋한 주인에게 양해를 구하고는 오랜만에 구경하는 헌책방을 즐거운 마음으로 구석구석 둘러봤다.

작은 공간 여기저기에는 오랜 시간 동안 주인의 손을 떠난 책들이 먼지를 가득 뒤집어쓴 채 빼곡히 자리하고 있었다. 지금은 쓰지 않은 옛날 참고서나 출판된 지 20년 가까이 된 소설들 사이에 서 있자니 타임머신을 타고 시간 여행을 하는 기분이었다. 시간 여행의 여파였을까? 유난히 마른 체형의 사람들만 들어갈 수 있을 것 같은 좁은 책 뭉치 사이에서 그만 향수에 젖어 '취재'라는 본분을 잊어버린 채 헌책 사이를 헤집고 다녔다. 그렇게 어린아이마냥 즐거워하다가 의도하지도 않았는데 오랜 기억 속의 소중한 부분을 차지했던 단편들과 마주쳤다.

내 눈에 띈 것은 '학생과학'이라는 빛바랜 네 글자가 인쇄된 두툼한 잡지더미였다. 생각지도 못했던 곳에서 겨울 밤 풀빵 냄새와 함께 밀려오는 추억과 만난 것이다. 한참을 서서 책 더미를 바라보다 망설임을 뒤로하고 옛 친구에게 다가가듯 그 가운데 한 권을 집어 들었다. 현재의 시각으로 보자면 조잡한 인쇄 품질, 신문 종이로도 적합하지 않던 재생지로 구성된 '청소년 잡지'였던 《학생과학》. 그러나 당시 나에게 있어 이 책은 인터넷이었고 과학 도서였다. 또한 '과학적 사고'라는 말을 최초로 어린 나의 뇌리 속에 남긴 책이기도 했다.

나는 반사적으로 주인에게 이 책을 살 수 있느냐고 물어보려 하다가 잠시 멈추고 한 장 한 장 빛 바랜 종이를 뒤적였다. 앉은 자리에서 읽어 나간 몇 편의 기사들 덕에 머리 한구석에 숨어 있던 추억이 하나씩 떠올랐다. 그러면서 어쩌면 서울의 한 신문사에서 발행한 이 청소년 잡지의 영향으로 현재 '기자'라는 직업을 가지게 된 것은 아닐까 하고 조금은 확장된 생각에 사로잡혀 있었다. 1980년대 초였던 것으로 기억한다. 코끝 시린 냉기로 가득했던 어느 겨울날의 저녁, 아버지께서는 아직 온기가 남아 있는 풀빵 봉지와 함께 묵직한 책 한 권을 내게 넘겨주셨다. 따뜻한 풀빵 한 개를 입에 넣고 생소한 이름의 잡지 한 권을 재미있게 읽어 나가면서 서서히 이 잡지의 마니아가 되어 갔다.

요즘이야 인터넷을 찾으면 원하는 것을 쉽게 접할 수도 있고 또 알아나가는 데 별 어려움이 없지만, 당시만 하더라도 소위 '교양서'를 읽지 않으면 불가능했던 것이 지식 습득이었다. 그래서 그랬는지 어린 나에게 이 책은 무엇인가를 읽는다는 것보다 다양한 세상을 구경할 수 있게 해 준다는 것에서 더욱 의미가 깊었다. 할리우드 영화에서나 구경할 수 있었던 CD 플레이어의 원리나 아프리카가 원산지인 개구리의 대량 복제 성공 같은 기사는 1980년대를 살아가던 아이에게는 생소하다 못해 다른 세상의 이야기였다. 미국 네바다 사막에서 시행된 레이저 무기의 실험 성공 소식은 공상 과학 만화에서만 접하던 것이 현실화됐다는 기쁨을 주기도 했다.

하지만 무엇보다 이 책이 나에게 끼친 영향은 '깊이 있고 재미있는 과학적 사고의 함양'이라고 말할 수 있다. 나에게 있어 과학적 사고란 특정한 직군에 속한 사람들의 전유물이 아니다. 물리나 화학 혹은 공학자들만이 사용할 수 있는 사고의 체계가 아니라는 뜻이다. 또한 외나로도에 우주 기지를 건설하고 우주인을 뽑는다는 대대적인 프로파간다(propaganda)를 행동에 옮기면서 확산되는 국민적 붐과도 거리가 멀다.

'과학적 사고'라는 말에 '과학'이라는 단어가 들어가지만, 그것은 과학이라는 영역에 대한 이해라기보다 사고하는 방법에 대한 이해로 귀결될 수 있기 때문이다. 만약 누군가가 "그게 대체 무슨 말이냐? 과학적 사고라는 것이 철저하게 계산할 수 있는 과학 영역에 한해 생각을 풀어 나가는 것이잖아."라고 묻는다면 나는 분명히 "틀린 말은 아니다."라고 말할 것이다. 내게 있어서 '과학적'이라는 말을 조금 더 생각해 볼 필요가 있다. 이 말은 꼭 '최첨단 과학'에 대한 궁극적 사고 혹은 물리나 수학, 화학 등의 분야에만 한정된 것을 뜻하지 않기 때문이다.

'과학적 사회주의'나 '과학적 유물론'에서 보듯 '과학적'이라는 뜻은 '논리적' 혹은 '필연적'이라는 뜻을 함축하고 있다. 즉 '원인' 과 '결과'가 있으며 중간에는 결과를 논리적으로 풀어 가는 '과정' 이 자리하고 있다. 경험적이며 객관적인 기술이 가능한 것을 뜻하 기도 한다. 즉 사회 과학적인 과학적 사고는 자연 과학적인 과학적 사고와 별반 큰 차이가 없다는 말이다. 과학적 지식을 가지고 자연 과학을 이해하는 것도 과학적 사고이고 논리적으로 추론해 가며 사회 현상을 이해해 가는 것 역시 과학적 사고이기 때문이다. 별로 대단할 것 없는 청소년 과학 잡지였지만 이 책이 배운 것은 바로 이 같은 과학적이고 논리적인 사고의 방법이었던 것이다.

아프리카에서만 서식한다는 못생긴 개구리는 세포 내에 유전자 라는 것을 가지고 있고 과학자들이 각고의 노력 끝에 그것을 해독 해 낸다. 그리고 해독한 유전자는 똑같이 맞추어 가는 과정을 거치 고 개구리 난자에 조합한 유전자를 넣고 대량 복제를 실현하는 것 이다. 지금은 다들 아는 이야기이지만 당시로써는 상상하기 힘든 내용이었다. 조그만 초등학생이었던 나는 이런 글을 반복해서 읽 으면서 깊이 있는 독서법을 배웠음은 물론 생각하는 힘을 기를 수 있었다. 즉 문서로 만들어진 매체를 반복해서 읽음으로써 '이해하는 방법'을 터득해 나간 것이다. 이때 얻은 '이해력'은 현재 내 생활의 상당 부분을 차지하고 있다. 아니 거의 내가 살아가는 데 있어 전부라고 말해야 할지도 모른다. 남에게 보여 주기 위한 글을 쓰는 나에게 다른 사람을 설득하거나 함께 공감하는 글을 생산해야 하기에 '논리적 사고' 혹은 '과학적 사고'는 필수조건일 수밖에 없으니 말이다.

기자로서의 과학적 사고는 정말 소중한 것이다. 특히 교육을 담당하는 기자이며 포항 공과 대학교와 산하 연구 센터의 결과물을 눈여겨봐야 하는 나에게는 '과학적 사고' 혹은 '논리적 사고'가 절실히 필요하다. 단지 과학자들이 모여 있거나 우리가 아는 과학의 부산물들이 쏟아져 나오기 때문은 아니다. 이들이 뱉어 내는 결과물을 이해하는 데 있어 문과, 그것도 극악 문과인 영문과를 나온 내가 해야 할 일은 '이해'다. 전문적인 지식에서야 모른다고 치부할수 있지만, 그들이 만들어 낸 결과물이 어떤 원리에 기반을 두고 또어떤 과정을 거쳤으며 지금까지 이룩한 결과물들과 어떻게 다른지를 알려면 '이해력'을 가지고 접근해야 한다. 만약 이해력을 발휘하지 못한다면 복사해 붙인 자료에 이름 석 자만 적는 것 이상의 의미는 없다.

그래서 최대한의 노력을 하고 나서 기사를 작성하도록 스스로다듬어 갔다. 물론 그 과정에서 끙끙거리며 무엇인지도 모르는 어려운 단어로 씨름한 적이 더 많았음은 자명한 사실이다. 그렇게 이해한 부분을 남에게 전달하는 역할을 하는 데 있어 오래된 잡지 한 권은 엄청난 영향을 끼쳤다. 기억을 더듬어 가며 눈높이를 최대한 독자의 시각으로 낮출 수 있었기 때문이다.

오랫동안 '과학적 사고'를 가진 과학자들을 대하면서 느낀 것은 이들이 '글을 써서 상대를 이해시키는 것과는 거리가 멀구나.'라는 것이다. 과학적 추론을 할 수 있을지는 모르지만, 과학적으로 이해 시키는 방법에 대해서는 제대로 배우지 않은 것이 원인일 것이다. 반면 어린 시절 탐독했던《학생과학》은 독자에게 접근하는 과학적 인 방법을 잘 활용했다. 조그만 아이에게 복잡한 과학 이야기를 해 야 했기에 당시 편집진인 비과학자들은 어려운 문제들을 과학적인 방법으로 풀어 설명해 나갔다. 독자의 절대다수가 어린아이였던 것을 생각한다면《학생과학》관계자들은 정말 대단한 일을 해낸 것 이다.

레이저 무기가 공상 과학 만화에 나오는 것처럼 이상한 소리를 지르며 작동하지도 않고 로봇이 라면을 끓여 주는 시대는 내가 2차 성징을 지나도 더 많은 세월이 흘러야 한다는 것도 주지시켰다. 또 한 디지털 오디오에 대한 기사에서는 CD 플레이어의 원리(당시에는 구경하기도 어려운 물건이었다.)가 궁극적으로는 아날로그 LP의 재생과 맥 락을 같이하지만, 접촉과 비접촉에서 다르다는 것을 이해했다. 이 처럼 '과학적'인 물건에 대해 아무런 사전 지식이 없는 아이에게 이 해시키기는 쉬운 일이 아니었을 것이다. 당시 나는 이 책을 통해 아 무리 대단한 내용일지라도 풀어서 설명하는가 그렇지 않은가에 따라, 과학적으로 이해하느냐 아니면 그저 남의 이야기가 되느냐를 체험했다. 그 결과 남에게 쉽게 풀어서 설명하는 것이 몸에 배었고 이는 대중을 위한 글쓰기의 기초가 됐다. 어떻게 보면 청소년용 과학 잡지 한 권에 대한 이야기로는 너무 거창할지도 모르겠지만, 지금의 내가 있기까지 분명히 그 영향을 받은 것은 사실이다.

거의 반시간가량이나 그렇게 서서 오래된 페이지를 만지작거리고 있는데 두꺼운 유리문 사이로 부는 칼바람 소리에 정신이 번뜩 들었다. 그때 헌책방 주인은 내 표정이 재미있었는지 한마디를 툭 하니 던졌다. "요즘 아이들은 컴퓨터로 다 해서 헌책이라고 해도 읽지를 않으니까 깨끗해. 애들 보는 동화 전집 있잖아. 그거 아니면 아예 헌책이라고 내놓는 일도 없어."라고. 주인의 푸념 섞인 말 한마디에 나도 동참한다는 듯한 미소를 지었다. '요즘 아이들'이라는 대명사가 어떤 의미를 내포하고 있는지 누구보다 잘 알고 있으니 말이다.

'요즘 아이들'은 분명히 축복받은 세상에서 살고 있다. 컴퓨터를 켜고 인터넷에 연결하면 원하는 정보가 가득한데다 포털 사이트에서는 '지식'이라는 것들이 와르르 쏟아지고 백과사전과 블로그가 전해 주는 정보로 충만하다. 쉽고 빠르게 검색할 수 있는 인터넷은 무엇인가를 알아내려고 두꺼운 책을 뒤적이는 과거의 기억과는 상충되는 새로운 세상이다. 모든 것에서 모자람이 없기에 무엇인가를 찾아야 한다는 지식의 빈곤함과는 거리가 멀다.

그러다 보니까 부작용도 상당하다. 바로 '이해의 부재'다. 문자화된 정보에 대해 정독하고 넘어가서 이해하려 한다기보다는 '아! 이건 그렇구나.'라는 정도에서 넘어가 버리는 일이 태반이다. 당연히 깊이 생각하고 이해하는 능력이 모자라게 되고 자신이 이해하는 깊이가 얕으니 남을 이해시키는 능력도 부재한 것이다. 굳이 멀리 보지 않더라도 인터넷 댓글을 몇 줄 읽어 보면 쉽게 '요즘 아이들'을 이해할 수 있다. 무엇인가를 조금씩 알아 나간다는 것에 대해 희열을 느끼지도 않고 자신이 알아낸 얕은 지식이 마치 절대 법칙인양 생각하기도 하니 말이다. 모든 것이 너무나 쉬워서 굳이 어렵게 접근할 필요성이 없기 때문이리라. 또한 넘치는 정보 가운데 입맛에 맞는 것만 골라서 보고 듣는 아이들에게 다른 사람을 이해시키거나 그렇게 하려고 노력하는 일은 애초에 기대하기 어려운 일일 것이다. 인터넷과 컴퓨터 등 '과학적인 것'은 가까이 있으나 '과학적이지 않는 사고'를 가진 것이 '요즘 아이들'의 특징인지도 모른다.

어린 시절 한 달에 한 번 나오는 책이 다 닳아지도록 읽고 또 읽던 내 또래와는 정말 많이도 다른 모습이다. 물론 시대가 변화하니까 정보가 많아지고 '잡지'라는 형식을 빌려 출판되는 활자 인쇄물이 시대의 흐름을 따라가지 못해 도태된 것은 당연하다. 모자라는 것을 채워 가는 맛은 이미 과거의 전유물이 된 지 오래인 것이다. 켜켜이 쌓인 먼지 사이로 보이는 오래된 책 제목처럼 한때는 지식을 전달해 주던 이들이 과거에 묻혀 가는 것을 보며 안타까워하는 것은 필경 나만이 아닐 것이다. 손가락 끝에 침을 묻혀 가며 읽어 내려간 책은 키보드로 변환되고 장서의 수가 집안 자랑이던 시대는 인터넷이 대신하고 있다. 하지만 소장하고 읽고 또 읽던 추억은 쉽게 지워지지 않는다. 내 키보다 높이 쌓여 서로 몸을 부대기는 책 사이로 지나가는 추억은 아날로그 시대의 인터넷이 주는 향수이기도 하지만 내 삶의 작은 부분을 완성해 준 소중한 친구이기도 하다.

'혹시 20년 후가 되면 요즘 아이들도 구형 컴퓨터를 바라보며 나같은 감상에 빠져들까?'라는 잡스러운 생각을 하면서 드르륵, 소리를 내는 낡은 덧문을 열고 헌책방을 나섰다. 초겨울을 알리는 건조한 바람이 뺨을 스치자 옷깃을 여미며 뒤돌아서서는 '○○헌책방'이라고 써진 간판을 쳐다봤다. 그리고 어느덧 어른이 되어 버린 나를 자각했다.

김정호
(주)PBC프로덕션 AE/작가

학부에서 영문학을 전공하고 신문 기자로 글 밥을 먹고 살아가기 시작했다. 교육 분야 전문 기자로 포항 공과 대학교와 산하 기관, 지역 대학 및 교육에 대해 방대한 이해 작업에 들어간 데다NIE(Newspaper In Education)기획을 맡으며 교육과 매체 그리고 대중 간의 연결고리를 이어 갔다. 잠시간의 기자 생활을 접고 (주)PBC 프로덕션에서 프로그램 기획자 및 방송작가로 활동 중이다.

정치 과학자란 누구인가

1.

보통 사람들은 과학자란 실험실에 처박혀 연구하는 것 말고는 다른 일에 무관심한 일벌레들이라고 생각하는 경향이 있다. 그러나 과학자들은 그리스 시대부터 여느 분야의 전문가 못지않게 사회적 문제에 참여해 왔다. 철학의 아버지라 불리며 기원전 585년에 있었던 일식을 예견한 것으로 알려진 탈레스(기원전 640~ 기원전 546년)는 천문학 지식을 이용해 올리브의 풍작을 예측하고, 올리브 짜는 기계를 독점해 큰돈을 벌어들여 세계 최초의 과학적 사업가라는 말을 듣기도 했다. 철학자로서 생물학을 과학으로 만든 아리스토텔레스(기원전 384~ 기원전 322년)는 마케도니아 왕궁에서 훗날 알렉산드로스 대왕이 된 왕자의 가정교사 노릇을 했다.

중세 이슬람 세계의 많은 과학자들은 동시에 행정가이기도 했다. 이슬람 의학을 대표하는 학자인 이븐 시나(980~1037년)는 황제의 주치의인 동시에 일반 자문관으로서 능력을 발휘했다.

16세기 중반에 업적을 이룩한 과학자들은 대부분 공직에 있었다. 태양 중심적인 세계관을 제시한 코페르니쿠스(1473~1543년)는 교회의 좋은 직책을 맡았고, 근대 해부학의 기초를 쌓은 베살리우스(1514~1564년)는 스페인 정부에 봉직했다. 18세기 과학자들도 행정가로 유능했다. 연소 이론으로 화학 혁명을 일으킨 라부아지에(1743~1794년)는 프랑스 세금 징수 기관에서 근무했다. 수학자이자 철학자인 라플라스(1749~1827년)는 프랑스 정부가 몇 차례 바뀌는 동안에도 끝까지 살아남아 감투를 썼다.

19세기와 20세기 초에는 갑작스런 과학의 번창으로 과학자들이 행정에 관여할 시간적 여유가 없었으나 제2차 세계 대전을 계기로 과학이 국가 발전에 필수적인 요소가 됨에 따라 과학자들의 정치 참여가 당연시되었다.

미국의 경우, 1964년 대통령 선거에서 노벨상을 받은 과학자들이 린든 존슨 민주당 후보를 지지하는 선거 유세에 나설 정도였다. 워싱턴에서 열린 존슨 후보 지지 모임에 참여한 노벨상 수상자는 33명에 이르렀다. 2004년 대선에서도 비슷한 일이 발생했다. 부시 행정부의 과학 정책에 실망한 노벨상 수상자 48명이 존 케리 민주당 후보 지지를 선언했다. 과학 기술자의 적극적인 지원을 받은 케리는 민주당 대통령 후보 수락 연설에서 "과학을 신뢰하는 대통령을 두고 있다면, 그래서 줄기 세포 연구처럼 전망이 밝은 분야에 덧씌워진 규제를 없애 수백만 명의 생명을 구하게 된다면 얼마나 좋겠습니까?"라고 외쳤다. 배아 줄기 세포 연구에 대해 연방 지원을 제한하는 정책을 펼친 부시 대통령을 겨냥한 연설이었다.

2.

대부분의 과학자들은 진리의 수호자로서 사회적 책임을 감당하려고 노력하지만 무책임한 행동을 서슴지 않은 사례도 적지 않다. 가령 정치적으로 아무 상전이나 잘 섬기겠다는 과학자들이 한둘이 아니었다. 아르키메데스(기원전 287~기원전 212년)는 폭군에게, 레오나르도 다빈치(1452~1519년)는 독재자에게 재능을 팔았다.

이러한 사회적 무책임을 본격적으로 드러낸 사례는 현대 과학의 시조로 불리는 갈릴레오 갈릴레이(1564~1642년)가 가톨릭 교회에 무릎을 꿇은 사건이다. 갈릴레오가 서른여섯 살 되던 1600년 코페르니쿠스의 태양 중심설을 지지했다는 이유로 브루노(1548~1600년)가 화형을 당했다. 이탈리아 르네상스의 마지막을 장식한 시인이자 철학자인 브루노는 수도원을 탈출해 유럽 각지를 방황하면서 우주에 지구와 같은 세계가 무한히 존재하며 미지의 생명이 살고 있다는 생각을 버리지 않았는데, 이를 빌미로 결국 가톨릭 종교 재판에 회부되어 감옥 생활 끝에 로마에서 처형을 당했다.

브루노에 대한 극형은 젊은 갈릴레오에게 부정적 영향을 주는데 충분했을 것이다. 그가 처음 저서를 출판한 마흔다섯 살에는 이미 젊었을 때의 우상 타파 신념이 식은 상태였다. 1633년, 교황청의 종교 재판관들이 30일 내로 로마에 출두하라는 소환장을 들고 갈릴레오의 집에 나타났을 때 그는 일흔 살의 노인이었지만 학자로서 명성은 절정에 달해 있었다. 친구들은 그에게 소환에 응하지 말고 도주할 것을 권유하고 은신처도 마련했다. 하지만 갈릴레오는 종교 재판소에 출두해 브루노처럼 순교하지 않고 코페르니쿠스의 지동설에 대한 믿음을 철회한 대가로 방면되어 죽을 때까지 고독하게 지냈다.

갈릴레오가 구차하게 목숨을 보전해 진리의 횃불로 여겨진 과학의 전통을 더럽힌 역사적 사건은 독일 극작가 베르톨트 브레히트(1898~1956년)의 「갈릴레이의 생애(Leben des Galilei)」에 생생히 묘사되어 있다. 1938~1939년 첫 대본이 쓰이고 1943년 초연된 이 희곡은 15개 장면으로 구성된다. 등장인물은 갈릴레오, 가정부의 아들인 안드레아, 갈릴레오의 딸인 비르지니아, 종교 재판소의 추기경, 천문학자 등등이다.

이 희곡의 첫 장면은 1609년 갈릴레오가 어린 제자인 안드레아에게 태양이 아니라 지구가 돈다는 주장을 펼치는 대화로 시작된다. 1610년 1월, 갈릴레오는 망원경을 사용해 코페르니쿠스 학설을 입증하는 현상을 하늘에서 발견한다.(3번째 장면) 1616년 3월 5일, 종교 재판소는 코페르니쿠스 학설을 금서로 판결한다.(7번째 장면) 코페르니쿠스 학설은 "어리석고 불합리하며 신앙의 측면에서 이단적"이라고 결의한 것이다. 1633년, 종교 재판소는 세계적 명성의 학자를 로마로 소환한다.(11번째 장면) 마침내 1633년 6월 22일, 갈릴레오는 종교 재판에서 지동설을 철회한다.(13번째 장면) 갈릴레오의 철회 성명은 공식적으로 발표된다.

피렌체의 수학 및 물리학 교수인 나 갈릴레오 갈릴레이는 태양이 세상의 중심으로 한 지점에 붙박여 있으며 지구는 중심도 아니고 붙박이도 아니라는 본인의 지금까지 학설을 맹세코 부인합니다. 본인은 진심으로, 가식 없는 믿음으로 이 모든 오류와 이단 행위를, 요컨대 교회를 거역하는 일체의 다른 오류와 다른 의견을 부인하고 저주합니다.

갈릴레오는 1633년에서 1642년까지 교황청 포로로 지내다가 죽는다.(14번째 장면) 갈릴레오는 안드레아에게 말한다.

학문의 유일한 목표는 인간 현존의 노고를 덜어 주는 데 있다고 나는 생각하네. 만약 과학자들이 이기적인 권력자 앞에서 위축되어 오로지 지식을 위한 지식을 쌓는 데만 만족한다면 학문은 절름발이가 되고 말 테고 자네들이 만든 새로운 기계들도 단지 새로운 액물일 따름이네.

그의 말은 계속된다.

과학자로서 나는 유일무이한 기회를 얻었었지. 나의 시대에 천문학이 거리의 광장에까지 퍼져 나갔네. 이런 비상한 상황에서라면 한 장부의 의연함이 커다란 격동을 불러일으킬 수도 있었을 걸세. 내가 만약 저항을 했더라면, 자연 과학자들도 의사들의 히포크라테스 선서 같은 것을 발전시킬 수 있었을 테지. 자신들의 지식을 오로지 인류의 복지를 위해서만 적용한다는 맹세 말일세! 사정이 이러하니, 우리가 기대할 수 있는 것은 기껏해야 무슨 일에든 고용될 수 있는, 발명에 재간을 지닌 난쟁이들 족속뿐이라네.

이어서 갈릴레오는 "나는 내 천직을 배반했네. 나와 같은 행위를 하는 인간은 학문 대열에서는 용납될 수 없어."라고 말하고서 이내 세상을 떠난다.

1992년 로마 교황청은 갈릴레오를 복권시킨다.

3.

정부가 과학적 사실에 위배되는 정책을 시행할 때 과학자들이 이를 묵인하거나 방관한 사례도 적지 않았다. 1930년대에 독재자 스탈린이 통치하던 소련에서 정치적 이데올로기와 수상쩍은 과학이 결합할 때 어떤 위험성을 갖는지 유감없이 보여 준 사건이 발생했다.

공산주의의 사회 개조론은 본성보다 환경이 인간 행동에 영향을 미치는 것으로 여기기 때문에 라마르크(1744~1829년)의 진화론을 지지했다. 라마르크는 생물체가 새로운 형질을 획득해 다음 세대로 넘겨주므로 진화한다는 이론을 내놓았다. 소련의 이론가들은 획득 형질의 유전을 강조함으로써 환경을 개조하면 모든 인민에게 좋은 세상이 온다고 확신했다. 이러한 생각을 뒷받침한 돌팔이 과학자는 리센코(1898~1976년)이다. 유전학자인 리센코는 획득형질은 유전될 수 없다고 주장하는 학자들과 정면으로 맞섰다. 1935년부터 리센코는 스탈린의 신임을 받으면서 반대자들을 숙청했다. 유전학은 사회주의에 해악을 끼치는 부르주아 학문이라고 주장했다. 리센코를 비판한 과학자들은 연구소에서 쫓겨나 시베리아로 추방되거나 감옥에 갇혔으며, 처형되기도 했다.

제2차 세계 대전에서 소련이 전승국이 된 이후 리센코는 갈수록 영향력이 커졌다. 1948년 유전 과학 아카데미에서 개최된 유전학회에서 리센코 추종자들은 스탈린이 그들의 주장을 받아들여 유전학을 금지하기로 했다고 밝혔으며, 리센코의 반대파들은 공산당의 방침에 따를 것을 약속했다. 소련 유전학자들이 정치적 압력에 굴복하는 모습은 갈릴레오가 종교 재판소 법정에 출두한 장면과 비교되기도 한다. 하지만 두 사건 사이에는 커다란 차이가 있다. 우선 갈릴레오는 노인이었지만 소련 유전학자들은 대부분 젊어서 용기를 낼 법도 했다. 갈릴레오 시대에는 현대 과학의 태동기여서 그를 옹호할 만한 세력이 형성되지 않았던 반면에 1948년 당시에는 리센코의 주장을 반박할 만한 과학적 근거가 충분했다. 그럼에도 불구하고 소련 과학자들은 정치 권력이 과학적 진실을 부정하고 조작하도록 내버려 두었다. 그들은 출세에 눈먼 기회주의자이자 비겁한 위선자일 따름이었다.

리센코는 흐루시초프가 집권한 1954~1964년 사이에도 유전과학 아카데미 회장을 지내면서 영향력을 행사했다. 하지만 흐루시초프의 실각과 함께 그의 시대는 끝났다. 공산당 지도자들은 30년이 지나서야 리센코의 굴레에서 벗어나게 된 셈이다. 1965년 리센코는 유전과학 아카데미 회장 자리에서 해임되었으며, 1966년 정부의 전문가 위원회는 리센코의 주장이 허위 사실에 입각한 사기였음을 고발하는 보고서를 발표했다. 리센코의 권력이 마침내 붕괴된 것이다. 그는 몇 년간 모스크바에서 쓸쓸하게 여생을 보내고서 1976년 눈을 감았다.

소련의 과학은 리센코와 그 추종자들이 저지른 사기 행각으로 엄청난 손해를 입었다. 리센코 사건은 정치가들에게 과학을 억압하고 자율성을 해쳤을 때 어떤 불행한 결과가 초래되는지를 유감없이 보여 주고 있다.

4.

우리나라 과학 기술자들은 박정희 정권 시절부터 경제 부흥의 견인차로서 정치인들과 우호적인 관계를 유지해 왔다. 국민들은 과학 기술자들이 독재 정권에 봉사하고 민주화에 무관심하더라도 도덕적으로 비난하지 않았다. 그만큼 우리나라 과학자들은 사회적 책임으로부터 자유로웠다.

또한 과학 기술자들의 정치 참여에 대해서도 이해하는 쪽으로 사회 분위기가 잡혔다. 2002년 대통령 선거에 이어 2007년 대선에서도 많은 과학 기술자들이 여러 후보 진영에 공개적으로 합류해 정책 개발을 도왔다. 정부의 연구 개발 예산 규모가 갈수록 커지고 있는 상황에서 정치인들에게는 아무래도 난해한 분야인 과학 기술의 정책 수립에 전문가들이 참여하는 것은 바람직한 현상으로 받아들여졌다.

이러한 환경에서 독버섯처럼 자라난 것이 다름 아닌 정치 과학자라 불릴 만큼 권력 지향적인 인물들이다. 그들은 전공 분야에서 획득한 박사 학위를 무기 삼아 연구를 열심히 하기는커녕 해바라기처럼 권력 주변을 맴돈다. 학연과 지연을 지렛대로 삼아 패거리를 만들고 과학계의 인사와 예산 배정에 영향력을 행사하곤 한다. 이러한 정치 과학자들은 날이 갈수록 세력을 확대하고 있다.

이명박 정부가 들어서자마자 곧바로 정부 출연 연구 기관의 원장들이 줄 사표를 내고 대부분 수리되었다. 그 후임자로는 지난 대선 때 이명박 후보 선거 운동에 나섰던 과학 기술자들이 내정되었다는 소문이 나돌고 일부는 현실로 입증됨에 따라 원장 공모제가 유명무실하다는 여론이 조성되었다. 정치권에 줄을 댄 사람들이 과학 기술계의 중요한 자리를 차지하는 것을 보면서, 온 종일 실험실에 틀어박혀 해외 유명 학술지에 논문을 발표하는 데 전력 투구한 지난날을 떠올리며 참담한 심경을 가누기 어려운 과학 기술자들이 적지 않았을 것임에 틀림없다.

정치권을 기웃거린 얼치기 과학자들이 과학 기술계의 요직을 차지한 것은 어제오늘의 일이 아니다. 노무현 대통령이 '인사 청탁하면 패가망신할 것'이라고 엄포를 놓은 참여 정부에서도 낙하산 인

사는 비일비재했다. 가령 장관을 지낸 행정학 박사가 과학 기술 대학원의 수장이 되는가 하면 의대 교수가 엉뚱하게 과학 문화 기관장 자리를 차지하는 얼토당토않은 인사도 있었다.(《조선일보》, 2006년 6월 19일자 '아침논단'.)

　과학 기술자의 정치 참여는 무조건 문제 삼을 일만은 아니다. 다만 정치 권력의 거수기 노릇을 하는 과학 기술자들이 리센코처럼 과학 기술 정책을 오도하고 실력 있는 경쟁자에게 인사와 예산 측면에서 불이익을 안겨 주는 일이 생긴다면 국가적 불행이 아닐 수 없다. 이제는 과학 기술자의 정치 참여 문제를 공론에 부쳐 바람직한 방향을 모색할 때가 된 것 같다. 특히 출세욕에 눈먼 정치 과학자들이 과학 기술계의 인사와 예산을 좌지우지 못하도록 하기 위해서 과학 기술자뿐만 아니라 한국 사회 전체가 함께 고민하고 지혜를 모아야 할 줄로 안다.

이인식

과학 문화 연구소장, KAIST 겸임 교수

서울 대학교 전자 공학과를 졸업하고 과학 문화 연구소장, KAIST 겸임 교수로 있으며 국가 과학 기술 자문 위원을 역임했다.《조선일보》,《동아일보》등 신문에 400편 이상의 고정 칼럼을,《월간조선》,《과학동아》등 잡지에 150편 이상의 기명 칼럼을 발표했다. 제1회 한국공학한림원 해동상, 제47회 한국출판문화상을 수상했다. 저서로는 『지식의 대융합』, 『미래교양사전』 외 다수가 있다.

핫미디어의 소용돌이 속에서 빠져나오기

언제부터인가 공익 광고가 늘고 있다. 휴대폰은 진동으로, 노약자에게 자리 양보를, 큰소리로 떠들지 않기 등 사람이 많이 모일 만한 곳이면 어디든지 쉽게 이러한 문구들이 사람들에게 지시하는 것을 볼 수 있다. 이렇게 공익 광고를 하지 않으면 현대인들은 이러한 행동이 타인에게 손해를 끼치는지 아닌지 생각조차 하려고 하지 않는다. 현대인들은 끊임없이 누군가에게 지시를 받고 따르는 존재가 되었고, 그러한 지시가 없을 시에는 오히려 불안해 한다. 노약자에게 더 배려하라는 말을 듣기 전에는 노약자는 배려의 대상으로 인식되지 못한다. 나 스스로 교육이나 광고의 효과 없이 자발적으로 무언가를 해야겠다는 생각을 하기 힘들어졌다.

언제부터, 무엇이 현대인들을 이렇게 수동적인 존재로 만들었을까? 무엇이 현대인들을 스스로 생각하고 행동하는 것을 끔찍하게 싫어하게 만들었을까? 여러 가지 원인 분석과 해석이 있을 수 있겠지만 가장 근본적인 요인은 핫미디어 발달로 인해 결여된 능동적인 두뇌 활동, 그중에서도 상상력의 결여 때문이 아닌가 싶다. 상상력은 어떠한 인식되는 두 지점을 연결하는 매개체의 역할을 한다. 즉 나와 타인을 연결하고 나와 사회를 이어 주는 힘은 상상력에서 비롯된다. 현대의 과학 기술 문명은 이 두 사이의 물리적인 거리를 줄이는 대신, 상상력을 현대인들로부터 빼앗아 물리적으로 줄여진 거리를 다시 넓히고 있는 듯 보인다.

현대 사회에서 능동적으로 상상을 하며 살아가는 사람이 얼마나 될까를 생각하면 안타깝다. 지금까지 모든 발전은 상상력에서 시작했다. 학문의 발전이나 과학 문명의 발전 같은 외형적인 발전뿐만이 아니라 한 사람의 자아실현에 있어서도 상상력 없이는 참된 자아를 맛보기 어렵다. 상상력이란 지금의 나에 대한 이해가 선행되고 이를 바탕으로 현재 나와 타자의 관계 및 사회의 질서를 넘어서는, 매우 복잡한 두뇌 활동이기 때문이다. 현재의 나보다 더 발전한 나를 상상함으로써 우리는 더 나은 자아를 실현할 수 있으며, 타인의 입장을 상상함으로써 더 나은 사회를 만들 수 있다. 상상력은 나와 나 이외의 모든 것을 이어 주는 연결 고리이자 사회에서 누군가에게 수동적으로 걸려 매달려 존재하는 것이 아니라 스스로 나와 타자를 연결해서 존립하기 위해서는 반드시 지녀야 할 능력 중의 하나이다.

우리는 과학 기술이라고 하면 물질 문명의 입장에서만 생각하는 경향이 있다. 이제는 과학 기술이 인간에게 가져 온 영향을 물질적인 측면뿐만 아니라 정신적인 측면에서 총체적으로 살펴봐야 한다. 이를 위해서는 현대인은 내면 세계가 과학 기술 문명에 어떤 영향을 받고 있는지 자각하고 있어야 한다.

현대 사회를 한 마디로 가장 잘 묘사하고 있는 말은 통제 사회 (control societies)가 아닐까 한다. 프랑스의 석학인 들뢰즈는 현대 사회를 더 이상 징계 사회(disciplinary societies)가 아닌 통제 사회로 정의했다. 징계 사회에서는 모든 사회의 구성 단위가 뚜렷하게 나누어져 있었다. 가정, 학교, 군대, 공장, 병원 등 인간은 이 단계를 차례차례 거치며 한 단계를 벗어나면 다른 단계에 들어가 그속에서 새로운 사회에 걸맞는 인간이 되도록 훈련을 받았다.

하지만 현대에는 홈 닥터, 평생 교육, 재택 근무, 예비군 제도, 과외 교육 등의 형태가 일반화되면서 사회의 기본 구성 단위가 뚜렷하게 구분되지 않는다. 현대인들은 편리함을 누리고 있지만 관점을 달리 하면 졸업 후에도 평생 교육을 받아야 하고, 집에서도 회사일이나 학교일을 해야 하고, 제대 후에도 군사 훈련을 받고, 병원을 나와서도 진료를 받아야 하는 끊임없는 사회의 통제 속에 갇혀버렸다고 볼 수 있다. 평상시에도 신분증을 내밀어야 하고, 신용카드를 사용하면 사용 내역뿐만 아니라 위치, 사용 시간까지 노출된다. 지문도 저장되고, 인터넷을 통해 각종 개인 정보가 유출되고 있다. 휴대폰은 통화 이력을 알려 줄 뿐만 아니라 내 위치를 알려 주기도 한다. 우리가 새로운 방법으로 인맥을 맺는 온라인 카페나 홈

페이지 등은 내 인간 관계에 대해 모든 것을 알려 준다. 우리가 편리하게 사용하는 과학 기술이 사실은 우리를 통제하는 수단이 된 것이다.

21세기 우리 사회는 모든 것이 주어져야만 움직이는 사회이다. 사람들은 지시받은 대로 행동하며, 더 나아가 지시받은 대로 또는 광고에서 의식적, 무의식적으로 주입된 정보를 통해 선호도를 갖고 무엇인가 또는 누군가를 좋아한다고 느낀다. 과학 기술 문명이 제공하는 수동적인 생활 문화 속에서 현대인들에게 '스스로'라는 단어는 생소할 수밖에 없다. 과학 기술은 현대를 살아가는 각자의 사생활에 생각보다 깊은 영향을 미치고 있다. 우리가 좋아한다고 생각하는 노래는 요즘에 제일 많이 들리는 노래이고, 우리가 지금 읽는 책은 제일 잘 마케팅이 된 베스트셀러로 뽑힌 책이고, 우리가 좋아한다고 생각하는 영화는 영화관에서 제일 많이 보이는 영화이다. 광고와 마케팅의 성공 여부와 광고의 빈도에 따라 우리의 호불호 및 선호도가 결정이 된다.

사람을 사귀고 좋아할 때도 슈퍼마켓에서 물건을 고르듯이 자본주의적인 이득에 가장 부합되는 사람을 선택한다. 가장 기본적이고 개인적인 선호도로 알려진 성욕, 식욕, 개인 취향마저 개인적인 것이 아니라 문화, 사회적인 것이 되어 버렸다. 결혼 역시 사회의 기준으로 상대방을 평가하고 가장 마케팅이 잘 된 결혼 정보 업체를 찾아가서 조건을 먼저 정하고 사람을 만나 보는 시대가 된 것이다.

이러한 통제 사회에서 통제의 수단으로 가장 중요하게 사용되는 것이 바로 과학 기술이다. 과학이 인간 생활에 미치는 영향에 대해서 생각할 때 우리는 흔히 외형적인 물질 문명에 대해서 생각하고, 문명의 이기와 편리성에 대해 생각하지만, 이런 외형적인 배경이 아니라 우리 현대인의 내면적인 배경은 과학의 발달에 따라 어떻게 변했는지 현대인들은 자각하고 있어야 한다. 또한 과학 기술을 인류의 발전에 긍정적으로 사용하기 위해서는 일정한 방향과 목표를 설정하고 그에 따라 과학 기술을 발전시켜야 한다. 미래 사회에서 긍정적으로 작용할 과학 기술을 알아보기 위해서는 먼저 기술을 두 가지 형태로 구분해 보는 것이 필요하다. 마셜 매클루언은 미디어를 핫미디어(hot media)와 쿨미디어(cool media) 두 가지로 구분했다. 쿨미디어는 적은 양의 정보를 제공하는 대신 사용자들이 그 빈칸을 채워 넣어야 하므로 사용자들의 참여를 유도한다. 반면 핫미디어는 매우 집약된 기술을 제공함으로써 사용자들의 참여나 활동을 많이 필요로 하지 않는다. 따라서 쿨미디어는 사용자들의 활발한 사고 능력을 증진시키고 개개인의 반응을 요구하지만 핫미디어의 경우 편리성을 제공하면서 가능한 한 사용자들의 정신적인 쇼크를 최대한 줄이고 사고를 하지 않게 만드는 데 목적이 있다. TV, 인터넷 등 미디어 기술이 발달했지만 이를 사용하기 위해 인간은 상상력과 편리함을 맞바꾸어야 했다.

쿨, 핫으로 구분이 되는 것은 비단 좁은 의미에서의 방송 미디어뿐만이 아니라 넓은 의미에서 대부분의 과학 기술에도 적용이 되며, 같은 과학 기술의 산물에도 어떤 방법으로 그것을 사용하느냐와 문화적 배경, 기술적 배경에 따라 쿨이 되기도 핫이 되기도 한다.

과학이 발달하고 사회가 통제 사회로 나아갈수록 사람들은 자기 자신과 주위 환경의 손쉬운 통제와 편리한 생활 방식을 이유로 쿨미디어보다는 핫미디어를 더 많이 필요로 한다. 예를 들어 책은 쿨미디어로서 책을 읽을 때는 독자들은 독해를 위해 사고하고, 텍스트가 완전하게 묘사하지 못한 빈 부분을 자발적인 상상력으로 메워 나간다. 하지만 영화와 같은 핫미디어를 사용할 때에는 이러한 비어 있는 부분이 적어 관중들은 배경이나 인물의 외양, 성격 등을 상상할 필요가 없다. 시간이 없는 현대인들은 핫미디어를 더 선호한다. 사람들의 반응과 지적인 능력을 최소화하는 핫미디어의 발달은 사람들이 다양하고 종합적 사고를 하는 것을 방해한다. 그 결과 현대인은 자발적인 사고를 하기보다는 지시받은 대로 행동하는 것을 더 편리하다고 느낀다.

과학 기술을 사용한다는 것 자체가 사실은 기술을 디자인한 사람 또는 기술 자체가 인간에게 내리는 지시에 복종하는 것이다. 예를 들어 엘리베이터 앞에 서면 이 자리에서 버튼을 눌러야 하고, 버스를 타기 위해서는 정해진 시간에 정해진 장소에서 기다려야 한다. TV를 시청하고 싶으면 정해진 버튼을 프로그램 시간에 맞춰 눌러야 한다. 과학 기술을 끊임없이 사용해야 하는 현대 사회에서 현대인은 '과학 기술의 매개체'로서 너무나 많은 역할을 수행해야 하고 지시에 따라야 하므로, 현대인은 그러한 정신적인 충격을 완화시키기 위해 가능하면 단순한 생활을 하고자 노력한다. 따라서 사회가 복잡해지고 수행해야 할 기술적 매개체로서의 역할이 많아질수록 현대인은 자연스럽게 상상력과 같은 복잡하고 자발적인 두뇌 활동보다는 재미를 추구하는 감각적인 생활을 더 선호하게 되며, 하나의 악순환으로 편리한 핫미디어가 더욱 더 발달한다.

우리 시대의 문화를 한 마디로 요약하면 '재미'이다. 그것도 두뇌 활동을 가능하면 요구하지 않는 말초적이고 표면적인 단순 반응으로서의 재미이다. 상상력의 원천이었던 기존의 매체, 예를 들어 소설, 음악, 영화 등은 '재미'를 위해 다시 태어났다. 이들은 외형은 그대로 존재하지만 내용에 있어서는 가능한 한 에너지 소모적인 자발적 사고력을 요하지 않는 것으로 바뀌었다. TV 프라임 타임에는 가능하면 지적 활동을 요구하지 않는 예능 프로그램과 드라마가 주를 이룬다. 이대로라면 미래 사회는 기술 유토피아라기보다는 영화 「이디오크러시(Idiocracy)」에서 묘사하는 것처럼 바보들로 가득찬 사회가 될 것만 같다.

상상은 여러모로 참으로 역동적인 인간의 활동 중의 하나이다. 상상을 하기 위해서는 먼저 현실에 대한 자각이 바탕이 되어야 하고 상상의 세계와 현실의 세계의 괴리감에 대한 충격에 대비할 수도 있어야 한다. 상상력을 일정 기준치 정도로 유지하려면 꾸준한 정보의 유입이 필요하다. 상상을 하기 위해서는 많은 것을 듣고 보고 배워야 하고 그 전에 스스로 생각할 수 있는 능력과 그만한 시간적, 정신적 여유를 갖는 것이 선행되어야 하는데, 과학 기술의 매개체로서 많은 역할을 수행해야 하는 현대인들에게는 상상력을 위한 이러한 선행 조건들을 갖추기가 어렵다.

오늘도 현대인은 가능한 한 생각을 하지 않도록 노력한다. 시간이 나면 인터넷 쇼핑몰을 필요 없이 둘러보거나 TV 앞에 앉아 쇼 프로그램을 시청하면서 활발한 두뇌 활동을 하는 것을 가능하면 '자제'하려고 애쓰고 있다. 시간을 보내면서 가능하면 뭔가 배우지 않고 머릿속에 남지 않게 하려고 노력한다.

현대인들은 더 이상 내가 큰소리로 떠들면 타인이 어떤 불편함을 겪을지에 대한 자발적 사고력을 잃어버린 지 오래다. 지적을 당하거나 지시를 받지 않는 이상 현대인들은 자신이 하고 있는 일이 타인에게 어떠한 영향을 끼치는지 자발적으로 생각하지 않는다. 연장자에게 자리를 양보하는 것은 교육받은 적이 있지만 나보다 나이가 어린 사람에게는 자리를 양보할 것은 지시받은 적이 없다. 따라서 나보다 나이가 어린 사람에게는 그 사람이 힘들건 아프건 배려할 필요가 없다고 생각한다. 타인의 입장에서 도움을 주려는 것이 아니라 지시받은 대로 하려는 기계적인 수동성에서 도덕이 지켜지고 사회가 유지되고 있다. 현대인들은 상대방에 대한 감정적인 배려에서 행동하는 것보다 지시받은 대로 따르는 것이 편하다고 느낀다. 편리성이야말로 이 과학 기술 세계에서 현대인들이 모든 것을 주고 맞바꾼 가치이며 삶의 방식이기 때문이다.

과학 자체는 중립적이다. 문제는 과학 기술을 별 다른 재고나 장기적인 시각 없이 사용하는 현대인들이다. 지금까지 우리는 과학이 현대인에게 무엇을 해 줄 수 있었는지에만 관심을 가져 왔다. 하지만 이제는 우리가 과학이 주는 편리성과 맞바꾼 것은 무엇인지, 또 과학 기술이 우리에게 무엇을 하지 못하게 하는지에 대해 생각해 볼 차례이다.

우리의 상상력은 과학을 낳았지만, 과학은 상상력을 우리에게서 빼앗아 갔다. 정확하게 말해서는 과학이 상상력을 빼앗아 간 것이 아니라 과학을 '통제'의 수단으로만 활용하는 인간의 잘못이라 할 수 있겠다. 현대인이 과학을 긍정적인 수단으로 발전시키기 위해서는 사용자들의 의견 교환과 자발적 사고력을 증진시키는 쿨미디어를 더욱 더 발전시켜야 한다. 핫미디어가 기술을 지배하는 지금은 쿨미디어가 사용자들의 적극적인 참여를 유도하는 가능성을 제시하고 있다.

우리는 과학 기술의 발전이 인류에게 무엇을 가져다 주었는지, 어떤 것을 가능하게 했는지는 이미 너무도 잘 알고 있다. 이제 현대인에게 주어진 과제는 과학 기술 문명이 무엇을 불가능하게 만드는가를 생각하는 것이다.

과학 기술 문명은 멜스트롬이라고 불리는 소용돌이에 자주 비유된다. 에드거 앨런 포의 단편 소설 「큰 소용돌이(A Descent into the Maelstrom)」에서 나온 이 비유는 현대인이 과학 기술 문명 속에서 어떻게 대처해야 하는지를 보여 주고 있다. 한 선원이 항해 중 소용돌이 속에 난파되었는데, 모두가 혼란에 빠진 와중에 이 선원은 이 소용돌이 속에서 어떤 물체들이 빠르게 소용돌이 속에 휘말리고 어떤 물체들이 천천히 가라앉는지 관찰을 한 후, 통나무 술통을 잡고 소용돌이 속에서 살아 나온다. 일단 소용돌이 속에서도 침착함을 찾은 선원은 주변의 소용돌이를 둘러보고 사실은 소용돌이가 아름답고 경이로운 존재임을 알게 된다. 현대인도 이와 마찬가지로 과학 기술의 소용돌이에 빠른 속도로 휘말리게 되면 모든 것이 악몽으로 변하지만, 혼란 속에서도 스스로 생각하는 힘을 찾을 수 있어서 소용돌이에 말려드는 속도를 스스로 조절할 수 있으면 현대의 과학 문명이 주는 아름다움과 경이로움을 알게 될 것이다. 이제는 빠르게 소용돌이치는 과학 문명에 무작정 빨려들어갈 것이 아니라 스스로 소용돌이의 속도를 조절할 수 있어야 한다. 쿨미디어 발전을 지표로 삼아 자발적 사고력과 상상력을 회복하는 것만이 핫미디어의 소용돌이에서 빠져나올 수 있는 방법이다.

참고 문헌

Judge, Mike , dir., Idiocacy, US: 2006, 20th Century Fox.

McLuhan, Marshall. *Understanding Media: The Extensions of Man*. Cambridge, MA and London: The MIT Press, 1977.

황은주

경기 공업 대학 교수

'과학 기술 문화 속에서의 재난 상황과 인간의 변이 성향'이라는 주제로 영국 에섹스 대학교에서 문학 박사 학위를 받았다. 강원 대학교, 서울 예술 대학, 안양 대학교를 거쳐 현재 경기 공업 대학에서 조교수로 재직 중이다. 사회 심리학을 중심으로 한 문학, 문화, 영화 비평에 관심이 있으며 특히 쥘 들뢰즈, 에리히 프롬, 지그문트 프로이트의 이론을 바탕으로 과학 기술 문화와 도시 속에서 현대인들이 갖고 있는 심리적인 갈등과 변이 성향에 대한 연구를 한다.

과학의 시대에 철학이 왜 필요한가?

1.

나는 견본을 하나 보여 주려 한다. 전문 철학으로부터 아무런 도움도 받지 않고 있는 완고한 현역 과학자의 모습을. 나는 여기서 혼자가 아니다. 내가 알기로 제2차 세계 대전 이후 물리학의 진보에 활동적으로 참여했던 과학자들 중 자신의 연구에 철학자들의 작업으로부터 중요한 도움을 받은 사람은 아무도 없다. …… 나는 여기서 철학의 당혹스러운 '비합리적 무용성'을 문제시하고자 한다. 과거 철학적 교리들이 과학자들에게 유용했던 때조차도 그것은 일반적으로 너무나 오래 살아남아 그것이 원래 주었던 이익보다도 더 큰 손해를 끼쳤다.

이 놀라운 단언은 1979년 노벨상을 받은 입자 물리학자 스티븐

와인버그가 그의 책 『최종 이론의 꿈』에서 밝힌 것이다. 이것은 일군의 과학자들의 적극적 지지와 일군의 과학자들의 심정적 동의를 얻고 있는 '철학 무용론'의 일종이다. 물론 『최종 이론의 꿈』의 핵심 논제는 철학 무용론이 아니라, 과학 객관주의다. 과학의 객관성을 옹호하면서 와인버그는 20세기 후반의 입자 물리학의 발전을 사회구성주의 방법을 적용해 고찰한 앤드루 피커링의 『쿼크의 구성(Constructing Quarks)』을 요리한다. 그래서 이 책은 1900년대 소위 과학 전쟁(Science War)의 효시가 되는 책으로 더 유명하다. 과학의 객관성에 대한 그의 믿음은 변함없이 유지되어 1996년 소칼의 날조(Sokal's Hoax)와 1997년의 와이즈 사건(Wise Affair)이라는 과학 전쟁의 정점에서도 유감없이 발휘된다.

과학 객관주의는 그의 신념이 된 것처럼 보인다. 철학 무용론은 이런 과학 객관주의를 토양으로 삼고, 여기에 환원주의-실재론-과학(입자 물리학)이론의 우월주의 등이 결합된 것이다. 간단히 말하자면 이렇다. (1) 객관적 자연 법칙이 있다. (2) 과학은 그것을 발견해내는 설명적 학문이다. (3) 객관적 자연 법칙을 설명해 내는 과학의 최종 이론이 있다. 이 최종 이론은 다른 이론들의 도움 없이 다른 이론들이 이것에 의해 설명되는 이른바 '궁극적인' 설명이다. 이 최종 이론의 역할은 물리학 이론이 수행한다. (특히 끈 이론일 가능성이 높다.) (4) 과학은 이 최종 이론을 추구하고, 철학은 과학의 이런 작업과 무관하며, 유관하다고 할지라도 유용한 경우는 드물고 오히려 해악이 더 크다.

2.

「철학에 반해」라는 매우 호전적인 소제목 하에 전개된 와인버그의 철학 무용론은 철학 개념상의 부정확함이나 증거의 은폐, 다양한 논리적 혼란 등을 보여 주고 있지만, 그것들을 모두 거론하는 것은 불필요해 보인다. 그의 책이 철학서는 아니기 때문이다. 다만 철학 무용론의 근거로 제시되는 두 가지 이유와 철학 무용론의 토대가 되는 객관주의 옹호론에 대해서만큼은 그것과 대립되는 관점하나를 제시해 보고자 한다. 다양한 사유 방식의 실험은 늘 어떤 방식으로든 유용하기 때문이다.

와인버그의 주장은 자연 법칙의 객관성과 과학이라는 거울의 객관성 및 보편성을 말한다. 이것은 곧 특정 종류의 과학 이론에 '신의 관점(God's eye point of view)'이라는 위계를 부여하는 것이다. 즉 최종 이론이 될 과학 이론은 무엇이 참이고 거짓인지를 최종적으로 판결하는 위치에 있게 된다는 것이다. 상당히 매력적인 주장이다. 그것은 곧 인간이 과학의 도움으로 세상의 온갖 비밀을 알게 된다는 것을 의미하며, 그것은 인류의 오랜 꿈이 실현된다는 것을 의미하기 때문이다. 물리학 만세(!)를 넘어서 과학 만세(!), 나아가 인간 만세(!)를 외칠 일이다. 그런데 순간적인 미혹을 떨쳐 버리게 되면 곧 의아해진다. 와인버그가 말하는 '객관적'이라는 것이 무슨 뜻이며, 객관성의 실재에 대한 그의 믿음은 과연 정당한가? 그가 말하는 객관성은 탈주관성, 탈역사성, 탈사회성 및 초시간성이라는 성질을 충족시켜야 하는 것 같다. 그런데 과연 그런 의미의 객관성이 과연 가능하며, 가능하더라도 그런 객관성에 우리는 과연 도달할 수 있는가?

철학의 역사는 인간의 그런 이카루스적인 노력이 '꿈'으로 그칠 가능성을 보여 주었다. 실제로 근대까지 이르는 철학의 역사는 그런 객관성, 더 나아가 객관적 진리가 있을 수 있음을 전제하고, 그 진리에 이르는 방법적 절차를 찾아보던 역사였다. 플라톤 이데아(idea)론의 형이상학적·인식론적 절차, 확실성을 추구하는 데카르트의 방법, 칸트가 제시하는 우리 사유의 선험적(a priori) 계기 들은 모두 그 방법적 절차들이다. 이런 노력에는 인간 이성에 대한 낙관적 신뢰가 깔려 있었다. 하지만 그런 의미의 객관성 찾기 작업에 의문을 제기하는 관점을 우리는 얻었다. 그것은 과학 일각에서 제기되는 인류 원리(anthropic principle)나 다중 우주 개념의 도움 없이도, 인간 이성의 한계와 인간의 존재적 한계를 적극적으로 인정하면서 얻은 관점이었다.

그 관점은 '세계가 논리적으로 보이는가? 그것은 우리가 세계를 논리화해 두었기 때문이다.'라고 말한다. 우리가 세계와 관계를 맺을 때, 우리 스스로 만들어 낸 인식 범주를 사용할 수 밖에 없고, 동시에 인간이 처해 있는 존재 상황을 뛰어넘을 수 없다는 것이다. 그래서 우리가 세계를 경험하면서 획득할 수 있는 인식 내용은 우리 스스로 만들어 낸 '우리의 세계'를 결코 넘어설 수 없다. 이런 우리의 세계는 결코 '세계 그 자체'와 동일시될 수는 없는 일이다. 하지만 이것이 '세계 그 자체가 없다'를 의미하지는 않는다. 단지 우리의 불가피한 한계로 인해 우리는 '인간적인 너무나 인간적인(Human All Too Human)' 특징을 지니는 세계 경험을 할 수 밖에 없다는 것을 말하고 있을 뿐이다.

자연의 객관적 법칙이라는 것도, 그것이 비록 있다고 하더라도, 우리가 그것을 경험하는 방식은 '인간적인 너무나 인간적인' 방식일 것이다. 우리는 그 법칙 자체에 결코 도달할 수 없다. 우리의 노력이 자연을 비추는 거울이라 할지라도, 그것은 인간적인 거울이다. 그것이 철학적 거울이든 과학적 거울이든 마찬가지다. 이런 관점은 겸손의 표현이다. 인간이 갖고 있는 거울의 일면성과 제한성을 인정하고, 인간적 거울과 신의 거울과의 차이를 수용하기 때문이다. 그 관점은 동시에 관용의 표현이기도 하다. 다양한 거울들의 가능성과 그것이 갖는 의미를 인정하기 때문이다. 겸손과 관용의 실천. 이것은 자유로운 사고 실험과 새로운 거울들의 창조적인 생산을 지속하게 한다. 인간적 거울에 대한 인정과 신의 거울의 포기는 '다양한 사유'실험과 그것을 통한 인간의 창조적 삶의 지속'이라는 긍정적 기능을 하는 것이다.

이런 인간적인 거울을 갖는 것에 만족해서는 안 되는 이유가 있을까? 과학 이론이 여기서 예외가 되어야 한다는 당위는 어디서 그 정당성을 확보할 수 있을까? 물론 물리학자, 특히 입자 물리학자들은 와인버그의 꿈을 공유하는 이유가 분명히 있을 것이다. 입자 물리학 이론의 눈부신 발전이 그 가능성에 기대를 걸게 하기 때문일 것이다. 하지만 양자역학, 양자장론, 끈 이론 등으로 이어지는 발전을 그 영역에서 보여 주는 '우리의 세계 경험'의 '발전 과정'이라고 제한시키면 안 되는 이유가 있을까? 그래서 우리의 자유로운 사고 실험과 그것을 통한 인간의 창조적 삶이 계속 진행되는 과정으로 이해하면 안 될까? 굳이 그것을 '신의 관점'을 보여 준다는 최종 이론의 존재를 전제하고, 그것에 도달하는 과정이라고 이해해야 하는 이유는 무엇일까?

3.

와인버그의 철학 무용론은 위의 객관주의라는 토대 외에도 구체적인 이유를 갖고 있다. 그가 제시한 첫째 이유는 현대의 과학 철학 및 철학 일반이 "오늘날의 과학자들에게 연구에 어떻게 천착해야 할지에 대해서나 무엇을 발견할 것 같은지에 대해 어떤 유용한 안내도 제공하지 않는다"(167쪽)는 것이다. 이것은 철학과 과학이라는 두 학문의 차이를 고려하게 되면 고개를 갸웃하게 한다. 과학이 1차 질서를 탐구하는(first order discipline) 것인데 반해, 철학은 메타 학문이자 반성적 학문이다. 철학은 과학이 의심해 보지 않은 전제에 대해 다시 묻고, 그 방법론의 적절성에 대해 재반성해 보고, 그것의 의미를 묻는다. 물론 과학은 이런 철학적 재반성의 결과를 활용할 수도 그렇지 않을 수도 있다. 하지만 그것은 부차적인 것이다. 와인버그가 철학의 이런 특징을 모르고 있다고는 생각하지 않는다. 하지만 그는 그것을 즉시 철학이 유용하지 않다는 결론을 내리는 증거로 사용하고 있다. 거기에는 분명 무언가 다른 이유가 있을 것 같다. 그 이유는 철학 무용론을 위해 와인버그가 제시한 증거에서 발견된다.

그 증거는 기계론(mechanism)이라는 형이상학적 모델, 인식론으로서의 실증주의(positivism), 철학적 상대론(relativism)이다. 와인버그의 생각을 따라가 보면, 기계론과 실증주의는 과학자들에게 '그릇된 선입견'의 역할을 했고, 상대주의는 객관주의 모델을 부정하기에, 전체적으로 보면 과학 이론의 건설적 진보에 기여했다기보다는 오히려 해악을 끼친다는 것이다. 그의 이런 논의 전개는 참으로 기묘하다.

그 이유는 다음과 같다. 첫째, 특정 철학 이론이 과학자들의 역량을 최대한 발휘할 수 없게 하는 선입견으로 실제로 작용했다고 하더라도, 그것은 철학의 문제가 아니라 과학자들의 문제이기 때문이다. 예를 들어 형이상학적 기계론과 실증주의가 그토록 오랫동안 과학자들의 발목을 잡았다고 하더라도, 형이상학적 기계론에 대립하는 철학적 다이나미즘(dynamism)이라는 대안을 무시한 것은 과학자들의 선택이다. 또한 기계론이라는 선입견을 회의해 보지 않고 그대로 받아들인 것 역시 과학자들의 선택이다. 따라서 기계론이라는 선입견을 제공한 측보다는 받아들인 측이 의무 이행을 하지 않은 것이다. 회의와 의심, '왜?'라는 질문을 던지는 것은 철학자 고유의 임무는 아니다. 학적 활동을 하는 모든 사람의 자세일 것이다. 게다가 만일 와인버그의 말대로 특정 철학 이론이 과학의 진보를 방해할 정도로 그토록 위력적이었다면, 오히려 이것은 철학의 무용성이 아니라 유용성을 입증하는 강력한 증거로 사용될 수 있다.

둘째, 철학적 상대론을 철학 무용론의 근거로 사용할 때 와인버그는 논리적 방어라기보다는 심리적 방어를 하고 있다. 그는 상대론이 갖고 있는 구조적 취약성을 지적하거나, 상대론을 받아들였을 때 발생할 수 있는 논리적·인식적 위험 상황에 주목하지 않는다. 단지 그는 상대론이 '그가 주장하고 싶어 하는' 과학적 객관주의 모델을 그 토대에서부터 흔든다는 이유만을 제시할 뿐이다. 이것을 상대론이 초래하는 인식적 위험 상황의 하나로 인정해 주어도, 여전히 해명은 충분하지 않다. 과학적 객관주의 모델을 토대에서부터 흔드는 것이 왜 문제가 되는지가 여전히 제시되지 않았기 때문이다.

와인버그는 답이 없다. 아마도 그가 제시할 수 있는 유일한 답은 다음과 같은 정도일 것이다. (1) '과학적 객관주의 모델이 진리를 담보한다'는 자신의 믿음이 '참'이며, (2) 이것이 참이기에 훼손되어서는 안 된다. (3) 그런데 상대론은 그것을 훼손시킨다. 그래서 무용하다. 여기에는 기묘한 독단의 냄새가 난다. 먼저, (1)은 앞서도 지적했듯이 신의 관점을 전제하지 않으면 불가능한 주장이기 때문이다. 하지만 '자신이 신이 관점을 가지고 있음'은 무엇에 의해 정당화되는가? 정당화가 없는 상태에서의 주장은 단순한 믿음에 불과하며, 이런 유형의 믿음을 견지하기 위해서는 독단적 태도가 필요하다. 진리의 다른 가능성을 완전히 배제해 버리는 태도 말이다. 그

우리에게 과학이란 무엇인가

래야 (2)와 (3)도 주장할 수 있다. 이것이 바로 와인버그가 실제로 보여 주고 있는 심리적 방어의 내용이다. 만일 와인버그가 독단적 태도를 버린다면, 그래서 (1)외에 다른 진리가능성을 열어 놓는 태도를 견지한다면, (2)와 (3)은 귀결되지 않을 수 있다. 객관주의를 위한 심리적 방어를 굳이 요청할 필요가 없게 되는 것이다. 결론적으로 철학적 상대주의는 자신의 믿음을 훼손시키기 때문에 무용하다는 철학 무용론을 위한 적절한 근거가 될 수 없다. 우리에게 독단주의자가 되기를 요구하는 것이 아니라면 말이다.

4.

우리가 학적 활동을 하는 목표는 무엇인가? 여러 가지가 있을 수 있지만, 학적 활동을 통해 그것이 철학이든 과학이든 세계에 대한 좀 더 설득력 있는 이해 방식을 제공하고, 우리의 합리성을 진전시키는 것은 분명 그 목표 중의 하나일 것이다. 아마도 그것이 인간 삶의 향상에 도움이 되기 때문일 것이다. 이런 목표를 유념한다면, 와인버그의 일갈처럼 '전문 철학으로부터 아무런 도움도 받고 있지 않은 완고한 현역 과학자의 모습을 보여 주는 것'도 의미가 있지만, '전문 철학으로부터 다양한 관점의 사용이 갖는 이점에 대해, 그리고 사유의 자유로운 실험이 갖는 삶에 대한 기능과 의미'에 대해 들어 보는 것도 의미가 있을 것이다.

백승영
영남 대학교 학술 연구 교수

서강 대학교 철학과에서 학사와 석사 과정을 마치고 독일 레겐스부르크 대학교에서 철학 박사 학위를 받았다. 포항 공과 대학교, 서울 대학교, 중앙 대학교 등에서 근대 철학과 현대 철학, 논리학과 비판적 사고 등에 관한 강의를 했다. 현재 영남 대학교 학술 연구 교수로 있으며 한국 니체학회와 해석학회 편집 위원을 맡고 있다. 저서로는 *Interpretation bei Nietzsche. Eine Analyse*, 『니체, 디오니소스적 긍정의 철학』, 공저로는 *Ruttler an hundertjahriger Philosophietradition*, 『오늘 우리는 왜 니체를 읽는가』 등이 있고, 「가다머의 실천철학 기획과 해석학적 계몽의 의미」, 「수수께끼와 실재: 보드리야르의 경우」 등을 발표했다. 제24회 열암 학술상 및 제2회 출판 문화 대상을 수상했다.

촛불 집회에 대한 과학적 이해

2008년 4월 29일, 「PD수첩」에서 충격적인 광우병 관련 프로그램을 방송했다. 그리고 5월 2일, 서울의 청계 광장에서 첫 촛불 집회가 열렸다. '안티 이명박 카페'가 주최한 이 집회에 2만여 명의 시민들이 모여서 미국산 쇠고기의 전면 수입을 강행한 정부를 규탄했다. 이로부터 촛불 집회에 참여하는 시민들의 수는 계속 늘어 갔다. 그리고 시민들의 주장도 광우병 위험을 지적하는 것을 넘어서 이명박 정부가 강행하는 여러 정책들로 확대되었다.

촛불 집회는 한국에서는 물론이고 세계에서도 초유의 현상이다. 2008년 7월 9일 현재, 연 인원 수백만 명의 사람들이 두 달이 넘는 긴 기간 밤마다 촛불을 밝혀 들었다. 이렇듯 많은 시민들이 이렇게 긴 시간 동안 온갖 고통을 이기고 정부의 잘못을 지적하고 있다는 것 자체가 참으로 놀라운 일이 아닐 수 없다. 여기서 더 나아가 촛불 집회가 평화적으로 진행되고 있다는 사실에도 주목해야 한다. 경찰의 강압적 저지와 불법적 폭력으로 말미암아 충돌이 빚어지기도 했지만 대체로 시민들은 평화롭고 유쾌하게 이명박 정부의 잘못을 지적하고 있다. 경찰은 여전히 1980년대에 머물러 있지만 시민들은 분명히 2000년대를 살고 있다고 해도 좋을 것 같다.

이미 촛불 집회에 관해 많은 논의가 이루어졌지만 깊은 이해를 위해서는 많은 시간이 필요할 것이다. 세밀한 기록과 치밀한 연구를 통해 촛불 집회의 의미, 여기서 나타난 한국 사회의 특징을 잘 밝혀야 한다. 그런데 이와 관련해서 광우병에 관한 '과학적 이해'가 무엇보다 먼저 강조되어야 할 것 같다. 광우병 위험에 관한 이명박 정부의 주장은 '황우석 사태'를 야기한 '과학 사기'를 떠올리게 한다. 요컨대 '과학 사기'의 관점에서 광우병 위험에 관한 이명박 정부의 주장을 해석할 필요가 있다. 또한 '과학적 이해'에서 과학은 일단 자연 과학을 뜻하지만 그렇다고 사회 과학을 무시해서는 안 될 것이다. 이번의 촛불 집회는 사회 과학의 차원에서도 커다란 도전과 변화를 요구하고 있다.

2.

무엇보다 중요한 것은 미국산 쇠고기와 광우병 위험에 대한 과학적 이해일 것이다. 2008년 7월 8일 한나라당 의원들은 미국산 쇠고기 시식회를 열었다. 이 자리는 심재철 의원이 주최했다고 한다. 5월 6일, 심재철 의원은 광우병에 걸린 소의 고기로 스테이크를 해

먹어도 절대 안전하다고 주장해서 세상을 놀라게 했다. 그는 광우병에 걸린 소의 고기라고 해도 SRM(특정 위험 물질)만 제거하면 아무런 문제가 없다고 주장한다. 과연 그런가? 5월 6일의 발언에 대해 시민들의 항의가 빗발치자 심재철 의원은 '절대'라는 말은 빼겠다고 했는데, '절대'는 아니어도 아무튼 안전하다고 할 수 있는가?

광우병과 같은 어렵고 위험한 사안과 관련해서 시민들은 심재철 의원과 같은 정치인들의 주장보다는 과학자들의 연구 결과에 더 귀를 기울인다. 시민들은 결코 바보가 아닌 것이다. 서울 대학교 수의대의 우희종 교수는 한국에서 광우병 전문가로 손꼽히는 학자로서 이 문제를 널리 알리기 위해 애쓰고 있다. 그의 설명에 따르면 광우병은 소에게 소를 먹여서 생기는 병이며 원인 물질인 변형 프리온을 단지 0.1g만 섭취해도 반드시 광우병에 걸린다. 이제까지의 연구에 따르면, 광우병에 노출된 지역의 경우에 30개월 이상 소는 살코기도 안전하지 않고, 30개월 미만 소는 살코기는 괜찮다고 할 수 있지만 SRM은 대단히 위험하다. 30개월과 SRM이 광우병 위험을 피하기 위한 두 가지 핵심 기준인 것이다.

소에게 소를 먹여 생성된 변형 프리온이 뇌에서 증식되어 뇌세포를 없앤다. 그러나 뇌에서만 문제가 생기는 것은 아니다. 만일 누군가 광우병 소에서 SRM만 제거하고 고기로는 스테이크를 해 먹고 내장으로는 볶음을 해 먹거나 탕을 끓여 먹는다면, 틀림없이 광우병에 걸리고 말 것이다. 이 정도는 아니어도 미국산 쇠고기의 안전을 입증하기 위해서는 참여 정부 시절에 수입해 놓은 미국산 쇠고기가 아니라 새로 수입될 미국산 쇠고기와 내장을 열심히 먹을 필요가 있다. 변형 프리온은 쉽게 파괴되지 않고 하나의 개체에서 다른 개체로 옮겨간다. 바로 이때문에 광우병은 국제적으로 '전염병'으로 규정되어 있다. '전달병'이라는 요상한 말을 만들어 쓴다고 해서 문제가 해소되지는 않는다.

촛불 집회는 광우병 위험에 관한 과학적 이해로부터 비롯된 것이다. 노무현 정권이 이명박 정권으로 바뀌자 정부는 갑자기 태도를 바꿔서 미국산 쇠고기의 전면 수입이 아무런 문제가 없다고 주장했다. 심지어 이상길 축산 정책단 단장은 참여 정부 시절에는 아무런 과학적 근거도 없이 그냥 우겼던 것이며, 이번의 협상이야말로 철저히 과학적 근거에 입각해서 진행된 것이라고 말해서 시민들을 경악시켰다. 한 번 거짓말한 사람은 두 번 거짓말할 수 있다. 도대체 누가 이상길 단장의 말을 믿을 수 있겠는가? 더욱이 일본도, 유럽도 위험하다고 하는 것을 왜 한국만 수입하는가? 지난 몇 달 사이에 실제로 바뀐 것은 정권밖에 없다. 정권이 바뀌면 과학도 바뀌는가? 이명박 정부는 시민을 우롱하기에 앞서서 과학을 우롱했다고 해야 할 것 같다.

미국산 쇠고기의 전면 수입은 커다란 광우병 위험을 안고 있으며, 따라서 시민들은 이에 대해 강력히 저항하지 않을 수 없었다. 자신과 가족의 생명이 졸지에 커다란 위험에 처하게 되었는데 제정신인 사람이라면 누구라도 강력히 저항하지 않겠는가? 그런데 이런 상황에서 또 다른 과학적 논의가 제기되었다. 바로 확률론이다. 광우병 발생 확률은 자동차 사고 확률보다도 훨씬 적으므로 감수해야 한다는 것이다. 이 확률론은 한나라당 주성영 의원의 주장으로 널리 알려지게 되었다. 그는 47억 분의 1의 확률을 제시하며 광우병 위험에 대한 주장을 반박했다. 그러나 확률보다 훨씬 더 중요한 것은 누구라도 걸릴 수 있게 되었다는 사실이다. 미국산 쇠고기의 전면 수입은 시민들을 '광우병 룰렛'의 상황 속으로 몰아넣는 것이다. 이 사실을 시민들은 과학적으로 이해하고 있다.

'과학 사기'의 문제는 미국산 쇠고기의 문제나 광우병 위험에 관한 주장에서만 드러나지 않았다. 촛불 집회에 참여한 사람들의 수를 헤아리는 것과 관련해서도 비슷한 논란이 벌어졌다. 대표적인 예는 가장 많은 사람들이 모였던 6월 10일의 촛불 집회에 참여한 사람들의 수를 둘러싼 논란이었다. 대책위는 70만 명으로 추산했지만, 경찰은 고작 8만 명이라고 발표했다. 이에 대해 여러 시민들이 다양한 계산법으로 계산해서 경찰의 발표를 반박했다. 사실 경찰의 발표는 너무나도 터무니없는 것이어서 그 자체로 반박의 대상도 될 수 없다. 여기서 더 주의할 것은 경찰의 구조적 문제이다. 촛불 집회에서 경찰은 과소한 과학성과 과대한 정치성의 문제를 적나라하게 드러냈다. 우리의 경찰은 많아야 할 것은 모자라고, 모자라야 할 것은 많은 기형적 상태에 있는 것이다.

처음에 촛불 집회를 주도한 것은 여중생들이었다. 이 때문에 '전교조 배후론'과 같은 색깔론이 강력히 제기되었다. 이것은 전교조에 대한 비방이라는 점에서 잘못일 뿐만 아니라 여중생들에 대한 몰이해와 모욕이라는 점에서도 큰 잘못이었다. 여중생들은 '전교 조 배후론'을 주장하는 어른들보다 훨씬 더 논리적이고 실증적이 다. 이 때문에 여중생들은 '전교조 배후론' 같은 것에는 아예 관심 도 없다. 사실 여중생들은 자유롭게 노는 데 관심이 많다. 그러나 이 사회는 여중생들에게 놀 자유를 허용하지 않는다. 이명박 정부 는 '학교 자율화'라는 이름으로 학생들의 자유를 더욱 강력히 억 압하고 나섰다. 이런 상황에서 여중생들은 미국산 쇠고기의 전면 수입에 따른 광우병 위험에 대해 깨닫게 되었다. 이들은 이제 정말 생명이 위협받게 되었다고 느끼고 거리로 나서서 자신들의 절박한 심정을 토로하게 되었다.

급식을 하는 학생들은 군인과 함께 미국산 쇠고기의 전면 수입 에 따른 광우병 위험의 가장 큰 잠재적 피해자이다. 학생들은 인터 넷을 통해 여러 정보들을 입수하고 토론하기 시작했다. 물론 과장 과 왜곡의 문제도 있었다. 그러나 그것은 부차적이었다. 지구적으 로 개방된 정보 통신망으로서 인터넷은 표현의 자유를 가장 강력 히 보장하며, 바로 이 때문에 '숙의 민주주의'를 상당한 정도로 보 장해 준다. 숙의 민주주의는 학습과 토론을 통해 이루어지는 참여 민주주의의 한 방식이다. 인터넷에서는 과장과 왜곡은 곧 비판을 받게 되고, 결국 사실과 진실이 널리 퍼지게 된다. 한국은 세계적인 정보 통신 국가이다. 황우석 사태의 경우와 마찬가지로 이번에도 인터넷은 대단한 위력을 발휘했다. 만일 촛불 집회의 진정한 배후 가 이명박 정부라면, 그 진정한 조직자는 인터넷이라고 할 수도 있을 것이다.

여중생들의 촛불은 곧 시민들의 촛불로 확대되었다. '촛불 소녀'의 집회는 곧 '촛불 시민'의 집회가 되었다. 부모들이 자녀들의 공포를 깨닫고 거리로 나서게 되었던 것이다. 이에 대해 이명박 정부는 계속 괴담론과 배후론을 주장했지만, 이것은 하나의 잘못에 이어 또 다른 잘못을 저지르는 것이었다. 촛불을 들고 거리로 나가는 것은 사실 피곤한 일이다. 그런데도 불구하고 시민들이 쉬지 않고 촛불을 들고 거리로 나가는 것은 생명의 위협에서 벗어나기 위해서이다. 생명의 위협은 그 무엇으로도 대체될 수 없는 근원적 위협이다. 시민들은 미국산 쇠고기의 전면 수입이 광우병 위험을 현실화한다는 것을 과학적으로 알고 있으며, 이른바 '추가 협상'이라는 것이 전혀 문제를 해결하지 못했다는 것도 과학적으로 알고 있다.

절대다수의 시민들이 원하는 것은 광우병 위험에서 벗어난 생명의 안전이다. 이런 점에서 촛불 집회는 위험사회의 생활 정치가 크게 활성화된 것으로 이해될 수 있다. 위험사회는 광우병과 같은 커다란 위험들을 생산해서 물질적 풍요를 누리고 있는 사회를 뜻한다. 그런데 2007년 말에 출간된 내 책 『대한민국 위험사회』에서 설명했듯이, 한국은 고도의 과학 기술과 저열한 사회 체계가 결합된 대단히 불량한 위험사회에 해당한다. 사실 한국은 위험사회를 넘어서 이상한 사고들이 빈발하는 '사고사회'라고 할 만하다. 이런 사회에서 사람들은 생명의 안전에 대해 깊은 불안과 우려를 안고 살아가게 마련이다. 미국산 쇠고기의 전면 수입이라는 잘못된 정책으로 말미암아 이 깊은 불안과 우려가 폭발하고 만 것이다.

2008년 7월 8일, 재벌들이 주도하는 연구 기관인 '한국 경제 연구원'이라는 곳에서 촛불 집회로 말미암은 경제적 피해가 거의 2조 원에 이른다는 보고서를 발표했다. 이곳에서는 늘 이런 보고서를 발표하니 그냥 넘어가도 좋을 것이다. 그런데 이번에는 그냥 넘어가서는 안 될 것 같다. 여중생들을 비롯해서 수많은 시민들이 기나긴 시간 동안 거리로 나온 것은 이명박 정부의 잘못된 정책 때문이다. 이들은 소모하고 있는 여러 비용과 감내하고 있는 고통을 경제적 피해로 환산하면 얼마 정도일까? 20조 원을 넘어서 200조 원은 되지 않을까? 정부의 가장 기본적인 책무는 시민의 생명을 지키는 것이다. 그러나 이명박 정부는 이 기본적인 책무를 올바로 이행하지 않고 시민들에게 엄청난 피해를 입히고 있다. 반면에 미국의 축산업계는 매년 1조 원 이상의 이익을 거둘 수 있을 것으로 추산되고 있다.

촛불 집회는 광우병 위험에 대한 저항으로 시작되었다. 그러나 그것은 곧 비정상적 정부에 대한 저항으로, 비정상적 정부를 옹호하는 불량 언론에 대한 저항으로 확대되었다. 이 모든 것을 관통하는 한 가지 주제는 바로 생명의 안전에 대한 관심이다. 촛불 집회는 생명을 최상의 가치로 여기는 생활의 관점에서 정치의 변화와 사회의 발전을 추구해야 한다는 사실을 명확히 보여 주었다. 이 점에서 촛불 집회는 분명히 기존의 보수와 진보를 뛰어넘는 새로운 정치 현상이다. 생명의 안전을 최우선 과제로 추구하지 않는 정부는 스스로 존재 가치를 버린 정부라고 하지 않을 수 없다. 이런 정부에게 과학이 우롱당하고 이용당하는 곳에서 시민들의 불안과 우려는 더욱 더 깊어질 수밖에 없을 것이다.

홍성태
상지 대학교 문화 콘텐츠학과 교수

서울 대학교 사회학과에서 고 김진균 교수의 지도로 석사 학위와 박사 학위를 받았다. 환경 사회학, 정보 사회학, 사회학 이론 등을 주로 공부했다. 2001년부터 원주 상지 대학교에 재직하고 있으며, 민교협(민주화를 위한 전국 교수 협의회)과 참여 연대의 임원으로 활동하고 있다. 학자이자 시민으로서 광우병 반대 촛불 집회에 적극 참여했으며, 망국의 토건 사업인 '한반도 대운하'와 '4대강 살리기'를 막기 위한 연구와 실천에 최선을 다하고 있다.

과학의 버스에는 종교의 자리가 없는가?

과학의 버스는 굉장한 속도로 달리고 있다. 산업 혁명 이후 점점 더 가속도가 붙어 이제는 브레이크도 없이 내리막길을 달리고 있다는 느낌이 들 정도로 치닫고 있다. 예술도 철학도 훨씬 멀리하고 앞서 달리고 있다. 그런데 이러한 시대에 살면서 종종 궁금해지곤 하는 것이 있다. 과학의 독주는 과연 바람직한 것일까? 과학의 독주는 앞으로도 가능할까? 그럼에도 과학자들은 때로는 불평한다. 종교가 과학의 발목을 잡는다는 것이다. 종교 때문에 소중한 생명을 살릴 수 있는 인간 복제 기술을 개발하지 못하고 있다고도 한다. 그런데 이처럼 종교는 과연 과학에 항상 딴지만 거는 귀찮은 존재에 불과한 것일까? 종교는 과학의 버스에 탈 수 없는가?

많은 사람들은 우리가 사는 세계가 조화롭고 질서 있는 아름다운 세계라고 생각한다. 유신론자건 무신론자건 혹은 불가지론자이건 이렇게 조화로운 세계와 아름다운 자연에 대해 감탄하곤 한다. 그런데 그 세계가 왜 그렇게 아름답고 조화로운지에 대해 물으면 대답은 확연하게 달라진다. 기독교나 이슬람교와 같은 유일신을 믿는 종교의 신자들은 신이 창조했기 때문에 세계가 아름답다고 말할 것이고 다른 종류의 종교를 믿거나 종교가 없는 사람들은 오묘한 자연의 이치 때문에 조화가 유지된다고 대답할 것이다. 유일신 교도의 입장에서 세계는 전지전능한 신의 창조물, 즉 '낳아진 것(natura)'이지만 그렇지 않은 사람들에게 세계는 합리적 법칙에 따라 움직여지는 '스스로 그러한' 자연(自然)으로 이해된다.

우리는 흔히 전자의 견해를 종교적 세계관이라고 부르고 후자를 합리적 세계관이라고 부른다. 이러한 양분법에는 전자의 견해가 합리적이지 않다는 것과 후자의 견해가 종교적이지 않다는 것을 부당하게 전제하는 문제가 있다. 그렇다면 종교인들은 합리적인 세계관을 가질 수 없는가? 과학자들은 종교적인 심성을 계발할 수 없는가? 종교와 과학은 서로 양립할 수 없는 선택지들인가?

플라톤의 초기 대화편 『에우티프론』에는 다음과 같은 이야기가 나온다. 청년들을 타락시키고 국가의 공식적인 신들을 믿지 않았다는 불경죄로 소크라테스는 기소당한다. 그리고 재판을 받으러 가는 도중, 소크라테스는 살인한 머슴을 정당한 재판 과정 없이 죽게 한 아버지를 불경죄로 고발한 에우티프론을 만난다. 확신(?)에 차서 아버지를 고발한 에우티프론에게 소크라테스는 경건이란 무엇인가에 대해 묻는다. 자기가 하는 바와 같이 신을 즐겁게 하고 신이 좋아하는 행위가 경건한 행위라고 대답하는 그에게 소크라테스는 다음과 같은 질문을 한다. "어떤 행위가 경건한 것은 신이 그렇게 명령해서인가? 아니면 원래 그 행위가 경건하기 때문에 신이 그 행위를 하도록 명령하는가?"

이 질문이 바로 유명한 에우티프론 난제(Euthyphro Question)이다. 그런데 현대의 많은 윤리학자들은 약간의 변경을 가해(mutatis mutandis) 이 질문을 '어떤 행위가 옳은 것은 신이 명령해서 그러한가? 아니면 원래 그 행위가 옳기 때문에 신이 그런 행위를 하도록 명령했는가?'라고 변화시켜 사용한다. 그리고 첫 번째 대답을 선택한 사람을 신명론자(Divine Command Theorist)라고 분류하고 두 번째 대답을 선택한 사람을 자연법 이론가(Natural Law Theorist)라고 분류한다. 신명론자에게 있어 도덕적 선과 악의 판단 기준은 신의 명령에 있는 반면, 자연법주의자들에게 있어 도덕적 판단 기준은 내 마음에 심어져 있는 누구에게나 보편적인 양심 혹은 이성이다. 그런데 신의 명령을 따르는 것과 내 이성의 명령을 지키는 것은 양립될수 없는가? 흔히 생각하는 것과는 달리 양립될 수 있다. 죄 없는 외아들 이삭을 죽이라고 하는 신의 명령을 충실히 따른 아브라함의 행위가 비도덕적인가 하는 문제를 푸는 과정에서 아퀴나스는 법의 일반적 원칙을 허물지 않고도 법의 적용에서 면제된다는 해명을 통해 이 둘이 양립될 수 있다는 것을 보였다.

그 '약간의 변경'을 한 번 더 가해 보자. 윤리적 문제가 아니라 과학적 진리의 문제와 관련해서는 어떠한 지평이 열릴 수 있을까? 에

우티프론 난제의 과학적 버전은 다음과 같이 될 것이다. 어떤 명제가 진리인 것은 신이 그렇게 만들었기 때문인가? 아니면 그 명제가 원래 불변의 진리이기 때문에 신도 그것을 따랐는가? '2+3 =5'는 신이 그렇게 만들었기 때문에 진리인가 아니면 그것이 원래 진리이기 때문에 신도 인정할 수밖에 없는가? 아마도 대부분의 과학자들은 그것이 진리인 이유는 원래 그렇기 때문이라고 주장할 것이다. 그러나 그 '원래'가 어떤 이유에서 어떠한 원리로 그러한지에 대해 추궁하면 쉽게 대답할 수 있는 사람은 많지 않을 것이다. 아마도 기독교에 심취한 분들은 신이 자연을 그렇게 만들었기 때문에 그것이 진리가 되는 것이라고 말할 것이다. 그런데 서로 다른 대답을 하는 과학자와 종교인들은 서로 대립되는 관계로만 남아야 할 것인가?

이 문제에 대한 내 생각은 긍정적이고 희망적이다. 과학과 종교의 양립이 가능하다는 주장은 다음과 같이 비유적으로 이해될 수 있다. 많은 소믈리에들은 로마네 콩티가 세계 최고의 포도주라는 데 동의한다. 그런데 로마네 콩티가 최고의 포도주인 것은 많은 소믈리에들이 인정해 주었기 때문에 그러한 것인가? 아니면 원래 최고의 품질을 가진 포도주이기 때문에 많은 소믈리에들이 최고라고 인정해 주고 있나? 포도주의 진실은 소믈리에들에 의해 만들어지는가? 아니면 포도주의 진실에 의해 소믈리에들의 견해가 만들어지는가? 상식적인 대답은 '둘 다'일 것이다. 포도주 맛을 스스로 판별할 수 없는 사람들은 소믈리에들이 채점해 놓은 점수들을 가지고 포도주를 고른다. 소믈리에들은 자신들이 가지고 있는 기준들에 의해 포도주의 점수를 매긴다. 이 둘 다 현실에서 일어나고 있고 서로 전혀 충돌하고 있지 않다. 이처럼 권위(authority)와 사실(fact)은 현실에 있어 양립한다. 그런데 우리는 과학적 진리를 논하는 자리에서는 종교적인 이야기를 무조건 금기로 여기는 '과학적 터부'를 흔히 가진다. 왜 과학의 제상(祭床)에는 종교가 초대받지 못할까?

플라톤 이후의 많은 철학자들과 대부분의 과학자들은 에우티프론 난제와 같은 질문에 대해 '원래부터 진리이기 때문에'라는 본질론적인 대답으로 일관해 왔다. 그들은 엄밀하고 객관적이며 영원불변하는 진리가 존재한다고 굳게 믿었다. 심지어는 신조차도 어쩔 수 없는 절대적인 진리가 존재한다고 믿는 사람도 있었다. '과학성의 신화'는 종교와 같은 주관적이고 가변적인 주장에 시민권을 부여하지 않았다. 이러한 배타적인 과학의 가풍은 근대이후 형성되다가 실증주의에 이르러 정점에 도달하게 되었다. 그들은 실사구시(實事求是)를 왜곡하고 눈에 보이는 구체적인 결과만을 섬기게 되었다. 그들은 과학 기술의 발전이 인류 역사의 발전을 추동한다는 교리를 확립하고 이 교리에 위배되는 것들을 용도 폐기하기 시작했다. 그런데 그들이 이렇게 배타적인 '과학(science)'에서 추구하는 것은 진정으로 '과학적(scientific)'인가?

과학적 진리가 무엇인가를 밝히는 노력인 과학 철학의 역사는 과학의 객관성과 합리성이라는 '신성함(?)'이 스스로 괴멸되는 과정이었다. 이는 논리적 타당성(validity)을 금과옥조로 여겼던 연역적 진리관과 현실적 건전성(soundness)을 중시했던 귀납적 진리관이 19세기 후반 통계적 진리관으로 후퇴할 때 이미 예고된 가문의 몰락이었다. 논리 실증주의자들이 검증 가능한 것만이 진리라고 외칠 때, 그리고 칼 포퍼가 반증 가능성의 원리로 양보할 때 과학적 진리라는 신화는 여지없이 자존심을 구겼다. 마침내 토머스 쿤이 패러다임이라는 일종의 사회적 합의를 제시했을 때 과학의 겸손함은 종교인들의 경건함에 못지 않은 진지함을 품고 있었다. 라카토쉬의 조난선 땜질에 맞서 상상력을 고양시킬 수 있기 때문에 종교와 신화도 과학의 만찬에 참여할 수 있다고 초대장을 발급하려 했던 파이어아벤트의 이단 행위는 과학이 비판적 행위인 동시에 창조적 행위일 수 있다는 것을 시사하고 있다. 이처럼 객관적 과학성이라는 신화와 권위가 불타 없어진 자리에는 창조성과 합리성이라는 싹이 다시 트고 있다는 역설적인 상황이 벌어지고 있다.

이와는 반대로 합리성에 대한 지나친 추구는 그 합리성을 비합리적 권위로 변질시키기도 한다. 과학에 대한 신앙은 과학성을 잃어버리고 교조화되기도 한다. 과학을 왜 하는지 어떻게 하는지에 대한 반성 없이 이루어지는 눈먼 과학의 추구는 과학을 종교화한다. 이들의 눈에는 한의학은 신념 체계이고 양의학은 과학이다. 인문 과학은 인문학일 뿐이고 오직 과학은 자연 과학일 뿐이다. 계량화되고 측정되고 통계 분석을 거친 것은 과학이고 손끝이나 머릿속에서 나온 것은 기술이나 사상일 뿐이다. 그러나 이들에게 있어 과학성의 근거는 선배들로부터 '그렇게 배운' 교리 이외에 이렇다

할 만한 것이 없다.

교조화된 '과학교(科學敎)'는 과학의 극대화가 종교화하게 된다는 역설적 결과를 보여 준다. 이렇게 진정한 과학성이 없이 껍데기뿐인 과학은 사이비 과학을 만들어 내기도 하고 과학의 발전을 저해하기도 한다. 한 때 유행했던 바이오 리듬이나, 아직도 많은 사람들이 농담처럼 들이대는 'B형 남자=바람둥이'와 같은 등식은 과학의 지위를 사주추명학(四柱推命學)보다 밑으로 추락시켰다. SIDS(Sudden Infant Death Syndrome)에서와 같이 원인도 치료법도 모른다는 고백은 '과학적' 상술에 의해 증상(syndrome)이라는 이름으로 멋지게 포장되어 어엿한 병명(病名)으로 둔갑한다. 이처럼 과학의 적(敵)은 과학 내부에 있다. 그렇다면 과학을 과학답게 하고 그 본래의 싱싱함을 회복시킬 수 있는 길은 무엇일까?

과학적 합리성과 객관성의 한계를 솔직하게 인정하고 과학 이외의 분야에 도리와 구원(?)이 있을 수 있다는 유연한 태도가 과학을 오히려 건강하게 만들고 풍부하게 한다. 이러한 자세로 달리는 과학의 버스에는 종교의 자리가 마련될 수 있다. 다만 그 자리는 과학 위에 군림하는 1등석도 아니고 과학 뒤에 장식품처럼 붙는 빈자리도 아니다. 과학의 잔치에 정식으로 초대받아 같이 환담하면서 맛있게 식사를 나누는 손님의 자리이다. 그렇다면 손님으로서의 종교는 어떤 기준으로 초대될까?

에리히 프롬은, 믿음에는 합리적 믿음과 비합리적 믿음이 있다고 주장한다. 합리적 믿음은 스스로의 사고나 느낌이라는 경험에 뿌리를 두고 있는 반면 비합리적 믿음은 비합리적 권위에 복종하는 것에 근거하고 있다. 합리적 믿음은 본래 어떤 특정한 것에 대한 신념이 아니라 우리의 확신이 가지고 있는 확실성과 견고함이고 따라서 한 인간 안에 퍼져 있는 인격이다. 합리적 믿음은 다른 사람뿐만 아니라 자기 자신의 잘못을 간파할 수 있는 비판적 사고를 동반하는 데다가 어느 누구도 생각하지 못하는 새로운 것을 궁리해내는 창조적 사고이다. 합리적 믿음은 문제를 던지고 푸는 능력일 뿐만 아니라 그 능력을 나의 인격의 중요한 습성으로 만드는 수양의 과정과 다르지 않다.

이러한 합리적 믿음은 스스로 생명력을 가진 건강한 믿음이고 따라서 과학의 버스에 탑승할 당당한 자격이 있다. 아니 과학의 버스에 있어 중요한 길잡이이고 길동무이다. 이성과 신앙, 과학과 종교는 서로 대립하고 긴장하면서도 조화로운 관계를 유지할 수 있고 또 그래야 바람직하다. 이성은 신앙이 이끄는 바에 대해 의심하고 비판하면서도 무시하지 않고 의미를 곱씹어야 한다. 종교가 건강해지기 위해서는 과학의 견제를 받아야 하고 과학이 튼튼해지기 위해서는 종교에서 자양분을 얻어야 한다.

플라톤 이래 수천 년 동안 에우티프론 난제는 두 대답 중 하나만을 선택하도록 강요해 왔다. 특히 종교 개혁 이후 종교와 과학은 서로에게 깊은 상처를 입힌 채 기나긴 별거를 택했다. 이제는 그 이별의 관계를 청산하고 다시 만나야 한다. 과학의 버스에는 종교의 자리가 있다. 그 자리는 오랫동안 비어 있었지만 이제는 주인을 찾아가고 있다. 합리적인 믿음은 신비적이고 개인적이기도 하지만 이성적이고 사회적이기도 한다. 그래서 오늘, 이성과 양립할 수 있는 신앙은 관용이라는 밝은 외투를 걸치고 과학의 버스에 오른다.

이진남
숙명 여자 대학교 교양 교육원 교수

고려 대학교 철학과과 동 대학원을 졸업하고 미국 성토마스 대학교 토마스아퀴나스 철학 연구소에서 토마스 아퀴나스 윤리학에 대한 논문으로 박사 학위를 받았다. 미국 철학 상담사이며 현재 숙명 여자 대학교 교양 교육원 교수로 재직하고 있다. 저서로 『종교철학: 종교는 무엇이고 신은 어떤 존재일까?』, 『서양이 동양으로 걸어오다』, 『논쟁과 철학』등이 있고 논문으로 「지성과의 화해: 아리스토텔레스와 아퀴나스의 욕구 개념」, 「철학상담의 한국적 적용을 위한 기초이론연구」, 「윤리이론으로서의 신명론」, 「토마스주의 자연법윤리에서 신자연법주의와 환원주의 자연법주의」등이 있다

소통 가능한 창의성에 대해

공대생들에게는 해마다 창의적 캡스톤 디자인(capstone design) 경진
대회가 벌어진다. 캡스톤(capstone)이라는 말은 원래 건축에서 구조
상 가장 정점에 놓여 마무리가 되는 갓돌이나 관석(冠石)을 뜻한다.
키스톤(keystone)라는 말과 마찬가지로 마지막 마무리나 절정, 극치,
감동 등을 의미한다. 캡스톤이 지니는 창의성의 상징과 디자인의
설계라는 뜻이 합쳐서 캡스톤 디자인은 창의적 설계라는 의미로
통용된다. 우리나라에서는 2002년부터 공과 대학생들의 창의적
설계 능력을 배양하기 위해 매년 산업 자원부 주최로 대회가 진행
되고 있다.

현대 사회가 생산 중심에서 정보 중심의 사회로 바뀌어 감에 따
라 단편적인 공학 지식이 아니라 창의적으로 지식을 종합할 수 있
는 능력이 요구되고 있다. 기존의 과학 기술자들과 달리 차세대 엔

지니어들에게는 그 어느 때보다 산업체 현장에서 필요한 제품 설계 능력과 현장에서의 문제 해결 능력이 강조되고 있다. 다양한 지식을 종합적으로 연계시킬 수 있는 창의적 설계 능력이 대학과 산업체 간에 시급한 문제 의식으로 떠오르고 있는 것이다.

자기 주도적이면서도 타인과 소통이 가능한 창의성이란 바로 우리 사회가 꿈꾸는 미래의 과학 기술자들의 모습이다. 필자를 비롯해 대학 강단에 몸담고 있는 대부분의 교수자들은 아마도 이와 같은 최종의 목표를 위해 오늘도 학생들이 작성한 수많은 문서와 발표문들을 꼼꼼히 검토하며 그들의 뇌 구조를 분석하고 새로운 사고와 표현의 가능성을 캐내는 일에 골몰해 있을 것이다. 우리 사회가 궁금해 하는 것은 대학에서 무엇을 가르쳤는가 하는 것이 아니라, 대학을 졸업한 학생들이 무엇을 할 줄 아는가 하는 것이기 때문이다.

서로 다른 전공자들이 각자의 지식을 나누며 새로운 결과를 산출해 가는 과정은 학제 간 소통이 원활하게 진행되지 않으면 불가능한 일이다. 복합 학제적인 팀워크 능력이 요구될 뿐만 아니라 자신의 전공 지식에 대한 비판적 점검도 가능해야 한다. 자신의 연구 성과를 적극적으로 활용하는 일 역시 소홀해서는 안 된다. 무엇보다 서로 다른 구성원들이 모여 협업을 진행하는 동안 문서를 작성하고 의사를 전달하는 과정은 필수적이다. 그런데 자신이 아는 것을 표현하는 일과 상대가 알고 싶은 것을 드러내 보여 주는 일은 서로 다르다. 둘 사이의 막힘없는 교류로부터 비로소 소통 가능한 창의성은 시작될 것이다.

아는 것을 말한다는 것

아는 것을 남에게 말하는 일은 두 가지의 전제를 필요로 한다. 우선 내가 아는 것이 남에게는 모르는 것이어야 한다. 적어도 소통을 고려한 지식이란 그러한 전제하에 표현되는 것이다. 내가 안다고 말하려는 것이 다른 사람이 이미 알고 있는 것이라면 그것은 곧 소통의 지루함이며 시간 낭비일 뿐만 아니라 내가 가진 지식의 독자성에 의미를 잃게 하는 것이다. 그런데 문제는 바로 이 간단한 지점에서 발생한다. 많은 대학생들은 자신이 말하려는 것에 대해 상대가 얼마만큼 알고 있는지 알지 못할 뿐만 아니라 알려고 하지 않으며 그래서 아는 것을 말하는 데 실패한다.

두 번째 전제는 내가 아는 것이 상대가 전혀 모르는 것이어서는 안된다는 것이다. 적어도 소통을 고려한 지식이라면 상대의 인식 수준에서 이해 가능한 것이어야 한다. 내가 알고 있는 새로운 지식이 타인의 이해도와 무관한 것이라면 그것은 창의적인 지식이 될 수 없을 뿐만 아니라 상식 수준의 지식도 되기 어렵다. 많은 대학생들은 자신이 익숙하게 알고 있는 지식에 대해 상대 역시 별다른 무리 없이 이해하고 있을 것이라는 막연한 전제를 품고 있다. 하지만 내가 지금 익히 알고 있는 전공 지식이나 간단한 상식마저 실제 내 것이 되기까지에는 수차례의 낯선 통과 의례를 겪어 온 것들이다. 상대의 인식 수준이나 관심이 지극히 낮은 것이어서 기초적인 설명도 빠트리지 않아야 하는 경우가 있겠지만 의외로 전문가를 능가하는 수준의 것일지도 모르기 때문이다.

남이 알고 싶어 하는 것을 말한다는 것

미숙한 발화자에게 가장 먼저 발견되는 실책은 자기가 말하고 싶은 것만 말하는 데 집중한다는 사실이다. 말하고 싶은 것을 말하고 싶은 순간에 표현하는 일은 인간이 누릴 수 있는 가장 큰 자유 중의 하나이다. 실컷 말하고 떠드는 대로 들어주는 사람이 있다는 사실만으로도 수다는 그 자체가 일종의 미덕에 해당한다. 어떤 말이건 들어주는 사람이 이 세상에 한 사람만 있었어도 자살 시도자들이 삶을 포기하려 하지는 않을 것이다. 그러나 소통을 염두에 두는 한 내가 말하는 것은 듣는 사람이 듣고 싶어 하는 것이어야 하고, 내가 아는 것은 듣는 사람이 알고 싶어 하는 것이어야 한다.

우리가 말하고 싶은 것을 말하는 것이 더 이상 자연스러운 인간적 행위가 될 수 없다는 사실을 깨닫기 시작한 순간은 아마도 막 가족 관계를 벗어나기 시작한 오래 전 유치원 시절의 어느 날로 거슬러 올라갈 것이다. 한국 사회에서 십대들의 대부분은 온전한 소통을 위한 발화의 내용이나 형식에 대해 온통 낯설고 두렵게만 느낀다. 또는 반대로 한꺼번에 많은 것을 표현하기 위해 헝클어진 생각을 정리하느라 허둥대는 데 정신이 없다. 적어도 소통을 고려한 대학에서의 말하기·글쓰기 수업에서는 그렇게 느껴진다.

남이 알고 싶어 하는 것을 말하려면 우선 남이 알고 싶어 하는 것이 무엇인지를 알아내는 작업이 선행되어야 한다. 상대는 이 분야의 전문가일 수도 있고 문외한일 수도 있다. 어느 부분에서는 전문가의 식견을 넘어설 수도 있고 어느 부분에서는 상식선상의 이해 수준에 그쳐 있을 수도 있다. 우호적일 수도 있지만 경쟁적이기도 할 것이다. 그들이 알고 싶어 하는 것은 각기 다를 것이며 내가 말하고 싶어 하는 것에 대한 기대치나 이해 수준 심지어는 호감의 정도마저 천차만별에 개성적일 것이다.

내가 아는 것을 말한다는 것은 말 그대로 내가 아는 것을 남에게 말하는 것이 아니다. 소통을 전제로 하는 한 그것은 남이 알고 싶어 하는 것 중에서 유독 내가 알거나 말할 수 있는 것만을 드러내어 말하는 일이다. 내가 알고 있고 그래서 말하는 것이 아니라, 남이 알고 있지 않고 그래서 그들이 알고 싶어 하는 것을 드러내어 표현하는 것이다. 나의 인식 수준과 내용을 드러내는 것이 아니라 상대의 이해 수준에 기대어 그의 반응과 선호도를 예측하며 말하는 것이다. 그러므로 소통 가능한 창의성이 의미하는 것은 내가 알고 있는 새로운 과학 기술이 아니라 이 사회가 나로부터 얻고자 하는 새로운 기대치의 과학 기술이다.

자신의 지식이나 연구를 말하는 과정에서 이공계 학생들이 흔히 저지르는 오류 중의 하나는 그들이 상대가 원하는 것 이상의 내용을 말하려 한다는 데 있다. 자신의 지식이나 연구가 무엇이었는지를 설명하는 데 집중해 있을 뿐, 대학과 사회에서 왜 그들의 설명을 들어야 하는지 그 필요성을 논리적으로 설명하는 일에는 미처

주의를 기울이지 못하는 편이다.

소통의 창출 : 표면 구조와 이면 의도의 간극을 넘어서

흔히 창의성이란 네 가지 개념으로 구분된다. 사고의 유창성, 융통성, 독창성, 정교성이 그것이다. 사고의 유창성(fluency)이란 문제해결에 있어서 다양하고 많은 아이디어를 제시하는 것을 의미며, 사고의 융통성(flexibility)은 문제에 접근하는 방법의 다양함을 의미한다. 사고의 독창성(originality)은 기존의 것에서 탈피해 참신하고 독특한 아이디어를 산출해 내는 기능을 가리키며, 마지막으로 사고의 정교성(elaboration)이란 다듬어지지 않은 기존의 아이디어를 치밀하게 구체화하는 능력을 말한다.

대개 우리에게 처음 생성되는 아이디어는 단순하고 조잡해서 실제적 가치를 지니기가 어렵다. 자신의 지식을 종합해 창의적으로 설계하는 능력은 우리가 무엇인가를 설계한다고 할 때 떠오르는 막연한 개념을 어떻게 결합해 새로운 결과물로 만들어 내느냐 하는 데 있다. 우연히 떠오르는 거친 수준의 아이디어를 발전시켜 사회적으로 유용한 가치를 지닌 것으로 구체화하는 과정이 창의성의 소통 맥락이다. 소통이 불가능하거나 소통이 원활하지 않은, 또는 소통을 원하지 않는 창의성에 대해 우리는 괴짜라고 일컫는다. 일반인들이 흔히 생각하는 과학자의 모습은 실험실에 틀어박힌 채 미래 사회의 정복을 꿈꾸는 영화 속의 기괴한 망상가들 아니면 우리 사회의 상층부를 구성하는 엘리트 관료 집단이다.

실상 이공계 학생들이나 과학도들의 현실과 미래는 둘 중 어느 것도 아니다. 그들은 대학과 산업체와 지역 사회 속에서 자신의 지식을 소통하고 새로움을 드러내어 스스로 미래를 도모하는 자들이다. 차세대의 엔지니어들은 자신의 전문 지식을 바탕으로 해 지역 사회에서 필요한 것을 창출해 내는 미래의 아이디어 집단이다. 대학에서의 수업 내용과 달리 더욱 범위가 넓고 여러 개의 해결책이 존재하는 사회적 상황 속에서 문제를 공유하고 공동의 해결을 선도하는 집단이다.

그런데 새로운 지식을 다른 사람들에게 전달하는 과정에서 발화자는 자신의 생각을 표면적으로 드러내는 과정을 거치지 않을 수 없다. 발화자의 이면에 내재된 새로운 사고나 아이디어를 표면 텍스트에 표현하는 일은 소통 가능한 창의성을 위한 1차적 단계이다. 이 과정이 성공적으로 진행되지 못할 경우 소통은 원천적으로 불가능하다. 듣는 이가 주어진 표면 텍스트를 통해서 발화자의 이면 의도를 짐작하는 것이 2차적으로 이어지는 단계이다. 발화자가 자신의 이면 의도를 표면에 구조화해서 드러내고, 이를 통해 듣는 이가 발화자의 이면 의도에 진입하는 데 성공하게 되면 비로소 원활한 소통 관계에 이를 수 있다. 두 단계의 어느 한 쪽에서도 실패를 겪게 되면 소통은 결렬된 채 발화는 표면 상태에서 부유한다.

그런데 대개의 청중들은 무관심하고 냉소적이며 가혹할 정도로 비판적이다. 한 연구 조사에 의하면 청중의 집중도는 6~7분 간격에 1회 정도로 나타나며 지속 시간은 단 9초에 불과하다고 한다.

간헐적으로 찾아오는 짧은 집중의 순간이 지나면 청중들은 다시 기나긴 무관심과 지루함의 시간에 빠져든다. 그러므로 말하기·글쓰기를 시작한 후 2~3분 안에 청중(독자)들이 자극받을 수 있는 무언가를 마련하지 않으면 안 된다. 시각 자료를 제시하고 강약의 조절을 통해 내용의 변화나 흐름을 인식시키고 산만한 청중(독자)를 위해서는 지극한 관심과 배려를 보여 주어야 한다. 청중들을 끊임없이 자극하라. 그리고 그들로 하여금 끊임없이 무언가를 하게 하라. 질문을 던지고 대답을 공유하며 다수의 참여를 유도한 후에 신선하게 가공된 나의 새로운 지식과 정보를 맛보게 하라.

소통이란 수많은 요소들(인간, 매체, 언어)의 종합적인 커뮤니케이션이다. 정보의 홍수 속에서 우리에게 부족한 것은 이제 더 이상 정보 자체가 아니다. 데이터 스모그(data smog) 속에서는 유통 가능한 정보만이 실체를 얻게 되며, 마찬가지로 소통 가능한 지식만이 본래의 창조적 가치를 인정받을 수 있다. 이렇게 보면 소통 가능한 창의성이란 결국 소통 자체의 창출 과정이라고도 할 수 있다. 유통이 보류된 정보가 상업화되기 어렵듯이 소통이 불가능한 지식은 사회적 맥락을 잃기 마련이다. 소통 가능한 창의성이란 소통의 사회적 맥락을 기반으로 존재하는 것이다. 소통되지 못하는 창의성은 고유한 가치를 검증받기 어려울 뿐만 아니라 그렇기 때문에 실현에 이르기도 어려운 것이다.

오선영

연세 대학교 강사

연세 대학교 국문학과 대학원에서 박사 학위를 받고 연세 대학교 학부 대학 강사로
있다. 광운 대학교 글로벌 능력 개발 글쓰기 상담 교수, 수원 대학교 공학 교육 혁신
센터 강사, 사고와 표현학회 편집 이사를 맡고 있다. 저서로는『말하기, 이젠 문제
없다』(공저),『글쓰기, 이젠 문제없다』(공저),『말, 글, 토론 −기초와 실제』,『근대의
시와 음악과 리듬』등이 있다.

우리에게 과학이란 무엇인가

1판 1쇄 찍음 2010년 3월 26일
1판 1쇄 펴냄 2010년 3월 31일

기획 아시아 태평양 이론물리센터(APCTP)
지은이 이권우 외 22인
펴낸이 박상준
펴낸곳 (주)사이언스북스

출판등록 1997. 3. 24.(제16-1444호)
(135-887) 서울시 강남구 신사동 506 강남출판문화센터
대표전화 515-2000, 팩시밀리 515-2007
편집부 517-4263, 팩시밀리 514-2329
www.sciencebooks.co.kr

ⓒ 아시아 태평양 이론물리센터(APCTP), (주)사이언스북스, 2010. Printed in Seoul, Korea.

ISBN 978-89-8371-238-7 03400